AF610380

LES POISSONS

D'EAU DOUCE

ET LA PISCICULTURE

PAR

PH. GAUCKLER

Ingénieur en chef des Ponts et Chaussées
Officier de la Légion d'Honneur.

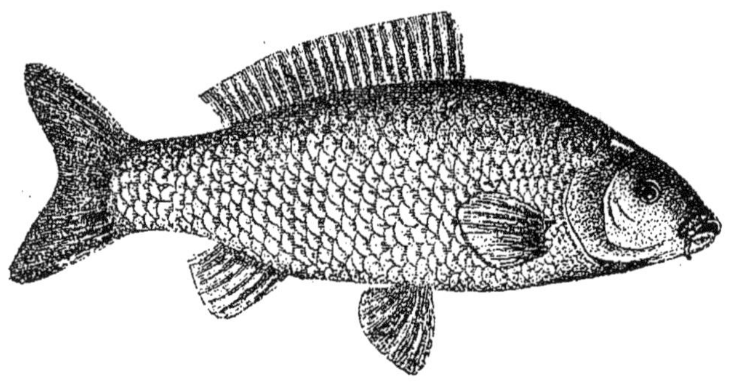

PARIS

LIBRAIRIE GERMER BAILLIÈRE ET Cie

108, BOULEVARD SAINT-GERMAIN, 108

—

1881

LES POISSONS

D'EAU DOUCE

ET LA PISCICULTURE

DU MÊME AUTEUR

Le Beau et son Histoire. Un vol. in-18, de la *Bibliothèque de Philosophie contemporaine* (librairie Germer Baillière et Cie) . . . . 2 fr. 50

Paris — Typ. G. Chamerot, 19, rue des Saints-Pères. — 10182.

LES POISSONS

D'EAU DOUCE

ET LA PISCICULTURE

PAR

PH. GAUCKLER

Ingénieur en chef des Ponts et Chaussées

Officier de la Légion d'Honneur.

> Si des filets à mailles serrées ne sont pas jetés dans les étangs et les viviers, les poissons de diverses sortes ne pourront pas être consommés. Si vous ne portez la hache dans la forêt que dans les temps convenables, il y aura toujours du bois en abondance. Ayant plus de poissons qu'il n'en pourra être consommé et plus de bois qu'il n'en sera employé, il résultera de là que le peuple aura de quoi nourrir les vivants et offrir des sacrifices aux morts ; alors il ne murmurera point. Voilà le point fondamental d'un bon gouvernement.
>
> MENG-TSEU. I. 3.
>
> (*Confucius et Mancius*. Traduit du chinois par PAUTHIER. Paris, 1841.)

PARIS

LIBRAIRIE GERMER BAILLIÈRE ET Cie

108, BOULEVARD SAINT-GERMAIN, 108

1881

LES

POISSONS D'EAU DOUCE

ET

LA PISCICULTURE

INTRODUCTION

La pisciculture, ou l'art d'élever des poissons, a été pratiquée dès la plus haute antiquité. Plus de deux mille ans avant notre ère, il existait en Chine des lois qui déterminaient les époques auxquelles on pouvait récolter les œufs de poissons, dans le but de les faire éclore. A cette époque reculée, on appliquait déjà les procédés de la pisciculture artificielle telle qu'elle se pratique encore aujourd'hui dans ce pays.

Des étangs naturels et artificiels étaient exploités de tout temps aux Indes, en Perse, en Judée et en Égypte. La Grèce seule semble avoir fait exception, grâce à ses conditions géographiques. Selon le droit romain, la pêche des rivières était publique, et l'on ne pouvait assurer l'approvisionnement régulier des marchés et de la table des citoyens, qu'à la condition de parquer dans des viviers le poisson vivant pris dans les cours d'eau. Cela explique pourquoi les rustiques descendants de Romulus [1], qui aimaient l'abondance en tout genre, non contents d'établir des viviers auprès de la plupart de leurs métairies [2], peuplaient des lacs naturels en y jetant de la semence de poissons de mer. C'est ainsi que les lacs Vélin, Sabatin, Vulsinien et Cirnin ont fini par produire en abondance des loups, des daurades et toutes les autres espèces de poissons de mer qui ont pu s'accoutumer à l'eau douce.

Plus tard, des réservoirs d'eau salée furent établis avec un faste inouï. Lucullus, qui possédait une villa à Tusculum, sur les bords du golfe de Naples, fit percer une montagne et construire un canal pour conduire l'eau de mer dans ses viviers, afin d'y élever des poissons [3]. A Baïa, il autorisa son architecte à dépenser toute sa fortune, s'il parvenait à alimenter régulièrement d'eau de mer une piscine qu'il y possédait. Le revenu de ces bassins d'élevage artificiel était très élevé. C. Hirrius, qui, le premier, établit des réservoirs à murènes pour son propre usage, en retirait une rente annuelle de 120,000 francs. Un poisson coûtait autant qu'un esclave cuisinier, et ce der-

1. Columelle, VIII, 16.
2. Varron, III, 17.
3. Pline, IX, 80.

nier avait trois fois la valeur d'un cheval. A une certaine époque, les mules étaient recherchées au point qu'Asinius Celer, ancien consul, en paya une au prix de 860 francs[1]. Sous Caligula, une mule de 2,500 grammes fut payée 1,500 francs par Octavius.

La récolte des œufs de poissons dans le but de les faire servir à la reproduction, pratiquée par les Chinois et les Romains, paraît avoir été abandonnée après l'invasion des barbares, et être tombée en oubli jusqu'au XIVe siècle. Dom Pinchon, moine de l'abbaye de Réome, aujourd'hui Moutiers-Saint-Jean (Côte-d'Or)[2], « employait des boîtes longues, en bois, fermées aux deux extrémités par un grillage en osier. Sur le fond de bois, il formait un lit de sable fin, et imitant la truite, qui creuse un peu le gravier avant d'y déposer ses œufs, il préparait une légère excavation dans la couche de sable, pour déposer les œufs qu'il avait préalablement fait féconder. Il les plaçait dans un lieu où l'eau était faiblement courante, et attendait l'éclosion, qui, à son dire, s'opérait après vingt jours, et, pour tous les œufs, dans le mois à peu près ».

Comme la durée de l'incubation indiquée est très inférieure à celle qui est nécessaire, il est

1. SÉNÈQUE, *Quæst.*, III, 17.

2. Baron DE MONTGAUDRY, *Bulletin de la Société d'acclimatation*, 1854, II, 80.

probable que ce moine se bornait à récolter des œufs de truite déposés dans les frayères naturelles, pour les soustraire aux chances de destruction qu'ils couraient dans les rivières.

Le procédé chinois, consistant à établir des frayères artificielles pour récolter des œufs adhérents, au moyen de branches d'arbres feuillus ou de bouquets d'herbes aquatiques, a été pratiqué depuis un temps immémorial au lac Paladru, en France, et dans certains étangs de Bohême. Un magistrat suédois nommé Lund, de Linkœping, en a fait usage avec succès, en 1761, après avoir remarqué que les œufs de poissons qui, par hasard, s'étaient collés contre des branches de genévrier, prospéraient mieux que ceux qui étaient tombés à terre. En Allemagne, depuis longtemps, on favorise la reproduction des loches par des moyens artificiels.

Mais le premier mémoire relatif à la fécondation artificielle des œufs de poissons et aux soins à leur donner pour les amener à l'éclosion, a été rédigé par G.-L. Jacobi, lieutenant des miliciens de la principauté de Lippe-Detmold, plus tard, major au service de la Prusse. Ce mémoire, publié en partie dans le *Magasin du Hanovre*, en 1763, a été reproduit en entier, en 1772, par Duhamel du Monceau, dans son *Traité général des Pêches*, après avoir été traduit du bas-allemand en latin par M. le comte de Golstein. Nous le reproduisons en entier dans l'appendice.

Jacobi établit des piscifactures à Hambourg d'abord, puis à Hohenhausen et enfin à Nortelen, où il obtint des résultats assez satisfaisants pour être récompensé par une pension, que lui accorda le roi d'Angleterre.

Les grandes guerres qui désolèrent l'Europe pendant le XVIIIe siècle firent tomber en oubli les procédés nouvellement découverts, et ce n'est qu'à partir de 1815 qu'il se produisit en Allemagne quelques faits pratiques qui semblent se rattacher aux publications de Jacobi, mais qui ne reçurent pas de publicité à cette époque. Ils eurent pour résultat, dit-on, le repeuplement de quelques petits cours d'eau des principautés de Lippe-Detmold, Lippe-Schaumbourg et Saxe-Cobourg.

En 1834, l'Italien Mauro Rusconi[1] multiplia avec succès le brochet, la tanche, l'able et la perche dans le lac de Côme, pendant que MM. Agassiz et Vogt, à Genève, entreprirent leurs travaux d'embryologie des salmonides, dans le but de multiplier dans le lac de Neufchâtel la palée, nom local de la féra.

De 1833 à 1839, M. John Schaw de Drumlarig recourut à la pisciculture artificielle pour augmenter le produit de la pêche des saumons dans la rivière de la Nith, en Écosse. Lord Gray l'imita en 1838 sur la rivière de la Tay, et quelques autres personnages suivirent cet exemple en 1841.

1. *Bibliotheca italiana,* vol. LXXIX.

En 1842, Joseph Remy, pêcheur à la Bresse, village situé dans les Vosges, près des sources de la Moselotte, fit ses premiers essais pour multiplier artificiellement les poissons, après avoir retrouvé, à force de patientes observations, les procédés publiés déjà par Jacobi quatre-vingts ans auparavant. Trop pauvre pour subvenir aux frais des installations nécessaires, Remy s'associa avec un aubergiste nommé Géhin pour exploiter l'invention. En 1848, M. de Quatrefages rappela le mémoire de Jacobi, ce qui motiva de la part de la Société d'émulation des Vosges, d'Épinal, une réclamation adressée à l'Académie des sciences, en faveur de Remy, dont le mérite fut reconnu en 1850. A ce moment, M. Coste, professeur d'embryogénie au Collège de France, dont la vive imagination avait saisi l'importance de cette découverte, s'en empara et la fit sienne. Le 14 mars 1852, le *Moniteur universel* publia le rapport qu'il adressa à l'Académie des sciences. A son intervention, Remy fut récompensé, et l'établissement de pisciculture du Lœchlebrunn, créé sur un bras du Rhin par l'initiative de MM. Berthot et Detzem, ingénieurs des ponts et chaussées, fut agrandi, et remplacé plus tard à Bartenheim, par l'établissement dit de Huningue.

Les publications enthousiastes de M. Coste, corroborées par les travaux de M. de Quatrefages et de divers membres distingués de la Société d'acclimatation, déterminèrent quelques personnes à se livrer en France aux pratiques de la pisciculture artificielle. Elles furent encouragées par les distributions gratuites d'œufs et d'alevins, que l'établissement de Huningue, placé dans les attributions du service des travaux du Rhin, prodiguait largement à tous les demandeurs français et étrangers. Pendant les dernières années de l'administration française, le chiffre des distributions s'est élevé à vingt millions par an, uniquement pour les espèces qui se rattachent à la famille des salmonides.

En Angleterre, l'esprit industriel transforma les pratiques de la nouvelle science en spéculation commerciale. Des associations se formèrent pour établir des manufactures de poissons, et les propriétaires des pêches cherchèrent à en développer artificiellement le produit. Dès 1854, MM. Ashworth placèrent 260,000 saumoneaux dans la rivière de Longhcorrib (Irlande). Un établissement particulier fut élevé près de Perth, sur le modèle de celui de Huningue, par les propriétaires de la pêche de la Tay. Enfin la Grande-Bretagne multiplia dans toutes ses rivières à saumons les échelles à poissons inventées par l'Irlandais Cooper, de Mackree-Castle[1].

La Hollande, avec ses nombreux cours d'eau, ne pouvait pas ne pas participer au mouvement, et d'importants établissements pour la production

1. Francis, *Fishculture*, 299.

artificielle du saumon furent créés sous l'habile direction de M. de Bont. En Belgique et en Suisse, les publications françaises eurent leur retentissement. Le jardin zoologique de Gand et celui de la Société d'horticulture de Bruxelles fournirent des bassins pour les essais; en Suisse, sur le lac de Genève, à Lausanne, et à Meilen, sur le lac de Zurich, on se livra sur une grande échelle à des pratiques de repeuplement artificiel. Puis enfin vinrent l'Autriche, l'Italie, l'Allemagne et la Suède, sans qu'on puisse dire aujourd'hui qu'aucun de ces pays ait contribué d'une manière sensible au progrès de la science.

L'Amérique seule, avec son initiative puissante, a obtenu des résultats pratiques au moyen de procédés et de perfectionnements nouveaux. Qu'il nous suffise de citer les travaux de Baird, de Livingston Stone, d'Ainsworth, de Seth Green, de Collins, de Mather, etc. Elle a fait descendre la science du domaine de la spéculation, où trop longtemps elle a été maintenue chez nous, dans celui des faits palpables et des résultats rémunérateurs.

Pour élever des poissons et les propager, il faut en étudier les mœurs, après en avoir constaté la valeur, afin de ne multiplier que les espèces les plus utiles, et de leur assurer les meilleures conditions de croissance et de développement. Nous allons étudier d'abord les caractères et les mœurs des poissons qu'on trouve le plus habituellement dans nos cours d'eau, ou qu'il conviendrait d'y acclimater, et ensuite les procédés de culture qu'on leur applique pour les faire prospérer et multiplier.

Ce livre se divise donc rationnellement en deux parties : la première traite des Poissons, la seconde de la Pisciculture. En dehors des modifications qu'il serait utile d'apporter aux dispositions légales qui régissent aujourd'hui la pêche, nous croyons avoir indiqué tous les moyens et procédés par lesquels on pourra remédier au dépeuplement progressif de nos cours d'eau. Pendant dix ans, nous avons eu l'honneur de diriger les opérations de l'établissement de pisciculture de Huningue : nous donnons ici le résultat de nos expériences et de nos études, combiné avec tout ce qui est arrivé à notre connaissance des travaux utiles des savants, amateurs et industriels, qui se sont occupés de pisciculture, en France et à l'étranger.

PREMIÈRE PARTIE

LES POISSONS

I

FAMILLE DES SALMONIDES

LE SAUMON

Latin, *Salmo salar*. — Anglais, *The Salmon*. — Allemand, *Der Salm, der Lachs*[1].

Le saumon appartient à cette classe de poissons voyageurs qui naissent dans l'eau douce et y passent leur première jeunesse ; qui se développent ensuite dans la mer, s'y engraissent, et reviennent à leurs lieux d'origine pour se reproduire.

Le corps de ce poisson est élancé, aplati latéralement[2], et mesure, entre les ouïes et les nageoires caudales, environ quatre fois la longueur de la tête. Le museau est arrondi, plus long chez les

1. A moins d'indication contraire, on trouvera en regard du nom latin de chaque poisson, les noms anglais et allemand.

2. GERVAIS et BOULARD, *Les Poissons*.

mâles que chez les femelles, avec la mâchoire supérieure pourvue d'une fossette, dans laquelle s'engage la pointe de la mâchoire inférieure[1]. Celle-ci est plus ou moins courbée et relevée au bout, en manière de crochet, suivant l'âge du poisson et la durée de son séjour dans l'eau douce. Chez les vieux mâles, il arrive que la proéminence de la mâchoire inférieure est tellement prononcée, vers l'époque de la fraie, que la bouche reste béante sur les côtés. Ils portent alors le nom de *bécards*. (Fig. 2.)

Au point de vue de l'utilité commerciale, la valeur du saumon est supérieure à celle de tous les autres poissons d'eau douce. Elle résulte des grandes dimensions qu'il atteint en peu de temps, de sa chair délicate et colorée, de son prix élevé, et surtout de cette circonstance, qu'il tire presque toute sa substance de la mer.

On rencontre le saumon dans presque toutes les mers de l'hémisphère boréal, situées au-dessus du 42e degré de latitude. Il n'existe ni dans la Méditerranée, ni dans la mer Noire.

La robe du saumon et même sa forme changent avec son âge. Peu de jours après sa naissance, quand il a résorbé la vésicule vitelline, le jeune saumon est de couleur brun clair, avec quinze à dix-huit bandes noirâtres qui descendent transversalement du dos sur les flancs.

1. BLANCHARD, *Les Poissons des eaux douces de la France*, p. 451.

Fig. 1. — Le Saumon.

Sa taille est alors de 0^{m} 03. Il garde cette robe pendant environ un an et porte alors en Angleterre le nom de *parr*.

Un an après sa naissance, vers le mois de mai, un brusque changement se produit. La moitié à peu près des parrs revêt son costume de voyage, pour descendre à la mer. Leur dos se colore en bleu d'acier. Sur les flancs brillent cinq ou six taches bleues sur fond d'argent, et le ventre est

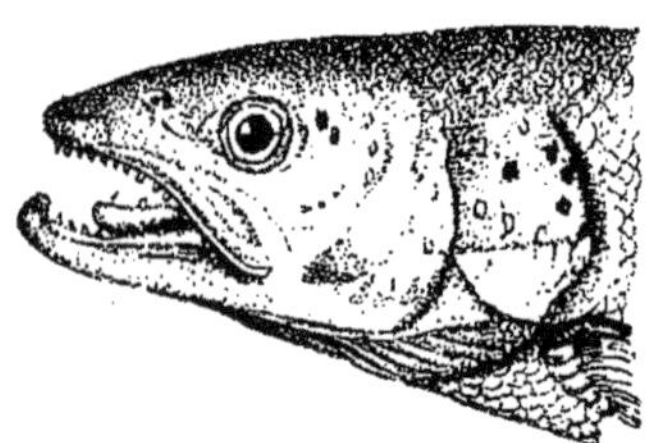

Fig. 2. — Le Bécard.

d'une blancheur nacrée. Entre ces taches règne une teinte rougeâtre. Le changement s'opère en 15 ou 20 jours au plus, et le poisson prend le nom de *smolt*. En cet état, il se rend à la mer pour la première fois ; sa taille est de 0^{m},12 à 0^{m},15. Ce qui reste des parrs entreprend le voyage une année après, et quelquefois seulement quand ils ont atteint leur troisième année.

Après moins de deux mois de séjour dans les eaux salées, le poisson revient. Il pèse alors 1 kilogramme 1/2 à 2 kilogrammes et porte le nom de *grilse*. Sur sa robe brillante, les bandes noires du parr, visibles encore sur le smolt, ont complètement disparu. La tête est plus effilée, l'échancrure de la queue a beaucoup diminué. Ce sont les formes et la coloration du saumon complètement adulte, mais le corps est plus allongé, et la teinte générale, plus pâle, ne porte pas encore les taches noires qui la rehausseront. Après la ponte, les grilses retournent à la mer, et en reviennent, souvent après un séjour de deux mois seulement, à l'état de saumons adultes.

Le saumon, âgé de trois à quatre ans pèse alors de 3 à 6 kilogrammes. Son dos est d'un gris bleuâtre ou verdâtre, parsemé de taches noires, plus ou moins arrondies, qui se répandent sur les flancs, depuis la tête jusqu'à la queue. Les côtés sont argentés et le ventre d'un blanc nacré. Au moment de la fraie, les teintes deviennent plus brillantes, particulièrement chez le mâle; des taches d'un rouge vif apparaissent sur le milieu des flancs et même sur les opercules, le ventre s'empourpre de teintes orangées. Après la ponte, ces riches couleurs disparaissent et le poisson reprend sa robe accoutumée.

Les parrs vivent isolés dans les eaux où ils sont nés, et y séjournent jusqu'au moment où ils se transforment en smolts. Pour effectuer leur premier voyage, ils se réunissent par bandes, et souvent ils deviennent ainsi la proie des braconniers. On les connaît en France sous le nom de saumoneaux, tacons, reneys, etc. Le parr se tient de préférence dans les plis des bancs de gravier, sur lesquels coule une eau vive et peu profonde. A l'approche du danger, il se cache sous les pierres. Pendant son séjour dans l'eau douce, le jeune saumon grandit très lentement, et, à moins de se rendre à la mer, il n'arrive pas à dépasser la taille de $0^{m},25$ à $0^{m},30$. Il se nourrit d'insectes, de petits mollusques, de crustacés, de vers et de petits poissons. Le parr mâle peut devenir fécond ; la femelle ne le devient qu'après un séjour dans la mer.

C'est à l'état de grilse que la chair du saumon est la plus délicate et la plus recherchée; les Anglais l'appellent *fresh-runfish*. Le retour du saumon dans l'eau douce s'effectue au printemps, bien avant la ponte, qui a lieu en novembre et décembre. Les ovaires et la laitance ne sont pas encore développés, la couleur de la chair est plus foncée, et l'estomac est toujours vide, ou rempli de mucosités. Quand approche le moment de la fraie, les ovaires se développent aux dépens de la chair, et les poissons remontent le courant par bandes, guidés par les plus gros, qui tiennent la tête. Ils suivent toujours le courant principal. En route, ils s'apparient ; les mâles se disputent les femelles et se livrent souvent des combats mortels. Les couples retournent à leur lieu d'origine et y cherchent ensemble un endroit propre à établir la frayère.

Dans un banc de gravier, où l'eau a peu de

profondeur, le couple creuse un nid qui ressemble à une bauge allongée, de 1 à 2 mètres de longueur sur $0^m,70$ de largeur, et d'une profondeur de $0^m,30$ à $0^m,45$. Quand le nid est achevé, le mâle s'y couche à côté de la femelle, et l'émission des œufs se fait en même temps que celle de la laitance. La ponte se renouvelle à plusieurs reprises, et les femelles, aidées des mâles, recouvrent les œufs avec du gravier. Au moment de la fraie, le saumon ne connaît plus de danger et ne quitte pas son nid. Il devient alors une proie facile pour les pêcheurs, qui le prennent au trident ou à la foënne.

Quand le travail de la reproduction est achevé, les poissons sont maigres et fatigués. Leur chair est flasque, livide, et prend souvent un mauvais goût. Les ouïes se couvrent de parasites blancs, qui ne disparaissent que dans l'eau salée, et le saumon se traîne péniblement, de remise en remise, jusqu'à la mer. En Angleterre, on l'appelle *kelt* quand il se trouve dans cet état, et la pêche en est interdite.

Les œufs déposés dans le gravier sont de la grosseur d'un gros pois, translucides et d'une belle couleur rosée. Ils éclosent au bout de 90 à 120 jours, mais ne prennent pas immédiatement la forme du poisson parfait. La tête est très grosse et, sous le ventre, s'étend un sac rempli de matière albumineuse, appelé la vésicule vitelline ou ombilicale. Pendant 30 à 40 jours le jeune poisson se nourrit exclusivement de la substance contenue dans ce sac, qu'il résorbe peu à peu. Quand la vésicule a disparu, le parr est formé et circule librement dans les eaux.

Les saumons capturés peuvent être conservés vivants, pendant près d'un mois, dans des viviers flottants ou dans des bassins abondamment alimentés d'eau vive.

On distingue plusieurs variétés de saumons; toutes ont à peu près les mêmes habitudes. Dans l'Océan Pacifique, il se trouve des saumons qui fréquentent les mers chaudes et pourront peut-être s'acclimater dans la mer Méditerranée. Un essai a été tenté en 1879, avec des œufs fécondés provenant de la Californie.

On peut croiser facilement le saumon avec les truites et les ombres chevaliers. Les métis obtenus prennent une croissance plus rapide que celle des alevins de race pure, placés dans les mêmes conditions.

LE SAUMON DU DANUBE

Salmo hucho. — Der Huchen, Rothfisch.

Le saumon du Danube ne se rencontre pas dans les bassins des autres fleuves de l'Europe. Il ne fréquente pas la mer et se distingue par sa grande voracité.

La forme de son corps et de sa tête est plus allongée que celle du saumon ordinaire. Ses couleurs sont ternes. La région dorsale est d'un gris bleuâtre, parsemé de taches noires. Les flancs et le ventre sont argentés, avec une teinte rougeâtre. Pendant sa jeunesse, il possède les raies transversales qui caractérisent le parr et les salmonides en général, ainsi que les taches rouges et noires sur le dos et les flancs. Toutes cès marques disparaissent avec l'âge.

Le saumon du Danube remonte les affluents de ce fleuve, à la recherche des frayères, qu'il rencontre dans les ruisseaux à fond de gravier, dont

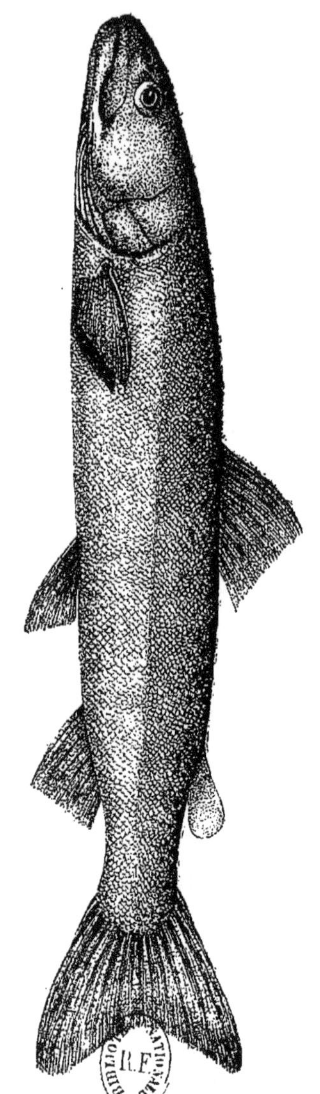

Fig. 3. — Saumon du Danube.

l'eau est pure et fraîche. La ponte a lieu en mars et avril.

La chair de ce poisson n'est pas aussi délicate que celle du saumon ordinaire. Il ne se nourrit que de proies vivantes et préfère le poisson aux insectes. C'est un grand destructeur, qu'on ne doit pas propager dans les eaux susceptibles d'être peuplées de truites ou de saumons ordinaires.

LA TRUITE DE RIVIÈRE

Salmo fario. — The Trout. — Die Bachforelle.

La truite commune est très répandue en Europe. On la rencontre dans toutes les rivières dont les eaux sont vives et froides, et elle les remonte jusqu'à leur source. La robe de la truite présente des teintes extrêmement variées. Généralement les parties supérieures du dos et de la tête sont d'un vert olive assez foncé, qui va en se dégradant sur les flancs, où il se mêle de plus en plus de jaune. Le ventre est d'un jaune clair et brillant. Sur le dos, la robe est mouchetée de taches noires plus ou moins arrondies, pendant que des taches rondes, d'un rouge très vif, souvent circonscrites par un cercle bleuâtre, parent les flancs, au-dessus et au-dessous de la ligne latérale. Ces couleurs changent avec l'âge et varient d'une localité à une autre.

La chair de la truite est exquise; tantôt blanche, tantôt légèrement orangée ou rosée, sa couleur dépend de la qualité des eaux qu'elle fréquente. Il n'est peut-être pas de poisson qui se modifie avec plus de facilité que la truite, selon la nature du milieu dans lequel il se trouve. Les eaux, le fond, l'alimentation et la température exercent une influence marquée, non seulement sur la coloration et sur la chair, mais aussi sur la taille, et, à quelques égards, sur les formes. Dans des eaux froides dont la température ne dépasse pas 10 degrés

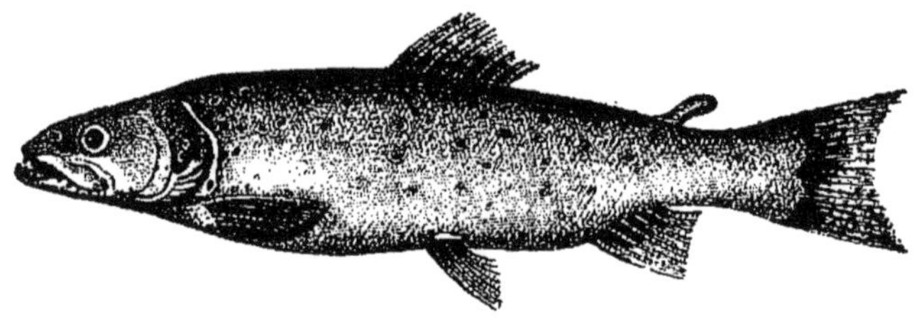

Fig. 4. — La Truite de rivière.

centigrades, les truites croissent lentement et prennent une teinte foncée, presque noire. Leur développement est au contraire très rapide lorsque la température s'élève jusqu'à 20 degrés, et alors leur robe devient claire et presque pâle, comme dans certaines rivières du midi de la France. Elles ne peuvent vivre dans des eaux dont la température dépasse 25 degrés. Pour la reproduction et le premier élevage, les basses températures sont indispensables.

La truite se nourrit surtout d'insectes : la mouche de mai est un de ses aliments préférés. Elle consomme encore des vers, des crustacés et de petits mollusques ; quand elle a acquis une taille suffisante, elle chasse volontiers la loche, l'ablette et le gardon. Comme les plantes aquatiques favorisent la production des insectes et des petits crustacés, la truite réussit surtout dans les eaux bien garnies d'herbes et de végétaux aquatiques. Lorsque la nourriture est insuffisante, ces poissons se dévorent entre eux, et quand une truite a une fois mangé sa semblable, elle y revient toujours. Le peuplement d'une rivière en truites ne pourra donc jamais dépasser un certain nombre, déterminé par la quantité de nourriture qu'elle renferme. Si on dépasse cette limite par l'introduction d'une population artificielle trop nombreuse, on provoque le cannibalisme et peu d'individus survivent. La nourriture préférée des truites consistant en insectes, il faut éviter de leur donner pour compagnons des poissons qui, comme certains cyprins, vivent exclusivement d'insectes. A toute réduction de nourriture correspondra une réduction proportionnelle du nombre des truites.

Ces poissons aiment à se tenir à l'ombre des arbres, surtout quand leur feuillage, secoué par le vent, leur verse une abondante nourriture. Ils mangent au petit jour et au soleil couchant. Nul poisson ne séjourne aussi longtemps que la truite au même endroit. Il semble qu'elle se circonscrive son territoire de chasse, où elle ne tolère qu'une seule compagne, plus petite qu'elle.

Souvent elle se tient immobile, la tête faisant face au courant le plus rapide, et guette ainsi les proies qu'il peut lui amener. Elle prospère dans les rivières dont la vitesse est modérée, la température tempérée et les eaux riches en nourriture, surtout quand ces rivières reçoivent des affluents à fond de gravier, dont les eaux fraîches et vives sont favorables à la reproduction.

A l'approche de la ponte, la truite remonte les cours d'eau à la recherche des frayères. Elle creuse son nid dans le gravier, près d'un rapide ou d'une cascade, où l'eau n'est pas profonde, mais bien aérée. Dès l'âge de deux ans, elle devient apte à la reproduction. Elle peut alors pondre de 200 à 500 œufs. A trois ans, elle en produit environ 1,000, et jusqu'à 2,000 à quatre ou cinq ans. Dans les rivières, un très petit nombre de ces œufs échappent aux causes de destruction qui les entourent.

Les œufs ont la grosseur d'un petit pois ; ils sont translucides et d'une teinte jaunâtre, presque blanche. Selon la température, ils éclosent, en liberté, après 100 à 120 jours d'incubation, et mettent de 20 à 30 jours pour résorber la vésicule ombilicale. Après l'éclosion et jusqu'à ce qu'il soit complètement formé, le petit poisson se cache sous les pierres, pour éviter l'influence pernicieuse de la lumière directe du soleil et pour échapper à ses ennemis.

LA TRUITE DES LACS

Salmo trutta. — *The Laketrout.* — *Die Lachsforelle, Seeforelle.*

La grande truite des lacs se rencontre surtout dans les bassins lacustres des Alpes. La forme de son corps est moins allongée que celle de la truite ordinaire, et elle atteint un poids très considérable. Sa robe est d'un gris verdâtre sur le dos, nacrée sur les flancs et le ventre, et mouchetée de taches arrondies, noires et brunes. Ce poisson conserve plus longtemps que la truite ordinaire les taches transversales qui ornent ses flancs pendant le jeune âge.

Sa chair est rosée et d'une grande valeur.

Elle remonte les affluents des lacs pour y déposer son frai, et pond pendant la même saison que la truite de rivière. Ses œufs sont blancs jaunâtres et de la même grosseur que ceux des autres truites.

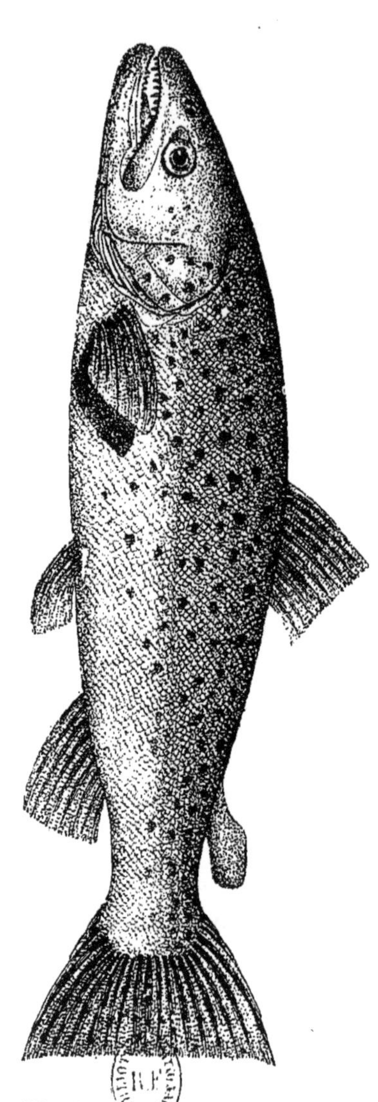

Fig. 5. — Truite des lacs.

LA TRUITE DE MER

Salmo lacustris. — *The Seatrout.* — *Der Silberlachs, Illanken.*

Les parties supérieures de la truite de mer sont d'un gris bleuâtre, les flancs sont argentés et

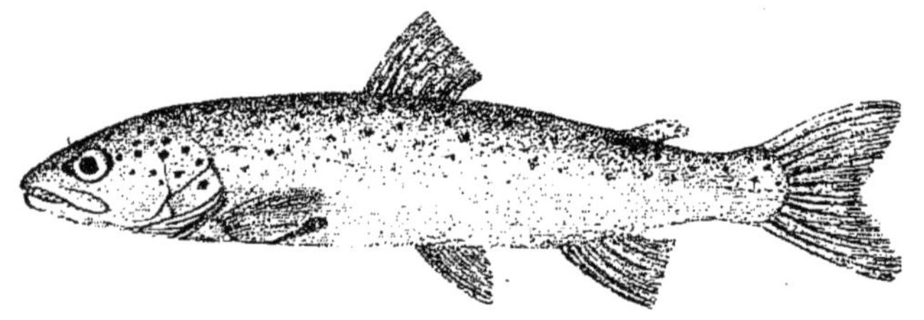

Fig. 6. — La Truite de mer.

parsemés, ainsi que le dos, de taches noirâtres. Le ventre est d'un blanc nacré.

La truite de mer est voyageuse comme le saumon et lui ressemble beaucoup, mais elle n'atteint pas sa taille. Elle s'attaque aux petits des saumons et en dévore les œufs. En Angleterre, on a remarqué [1] que le saumon diminue dans les

1. Frank Buckland, *Familiar history of british fishes.*

cours d'eau où la truite de mer se propage. Elle fréquente surtout les rivières qui communiquent avec des marais tourbeux dont les eaux sont de couleur brune, et aime à se tenir près des embouchures, où les eaux sont saumâtres. Pour frayer, elle remonte les cours d'eau comme les saumons. On la rencontre dans les lacs de la Suisse.

L'OMBRE CHEVALIER

Salmo umbla. — The Char. — Der Ritter, Saelbling, Roetheli.

L'ombre chevalier est une des espèces de salmonides les plus estimées. Il habite la profondeur des lacs de la Suisse, de l'Autriche, de la Bavière et de la Grande-Bretagne. Habituellement on ne le capture que pendant les mois de décembre et de janvier, quand la saison des amours le porte à se rapprocher de la surface.

La tête de ce poisson est courte et bombée à sa partie supérieure. La bouche est obtuse, l'œil assez grand. Sa robe est fort élégante. La région dorsale est grise, avec des reflets bleuâtres; les flancs sont plus clairs, et le ventre, argenté, a des reflets de jaune orangé. Les nageoires ventrales sont teintes de rouge et d'azur. Le corps tout entier est souvent parsemé de petites taches blanches arrondies. Sa taille est limitée ; il est rare qu'il atteigne un poids de 3 kilogrammes.

Comme les autres salmonides, l'ombre chevalier se nourrit d'insectes, de lombrics, de mollusques et de petits poissons. Ses œufs ressemblent à ceux de la truite, avec une teinte opaline et mate. Reproduit par la pisciculture artificielle, l'ombre chevalier peut être élevé dans des étangs de peu de profondeur, pourvu qu'il y trouve des caches pour s'abriter contre le soleil.

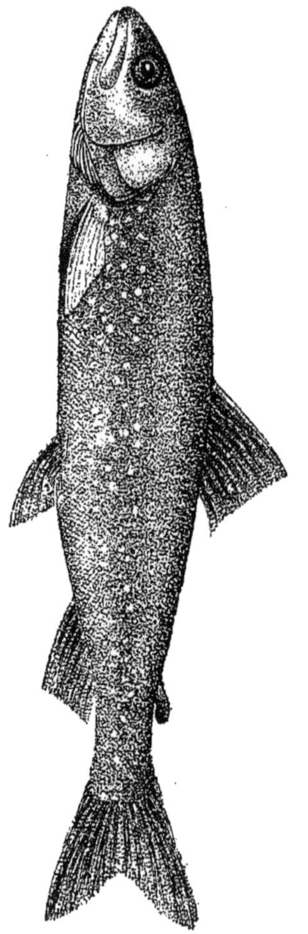

Fig. 7. — L'Ombre chevalier.

L'OMBRE COMMUN

Thymallus vexillifer. — *The Grayling.* — *Die Aesche.*

L'ombre commun ne se rencontre que dans le centre et dans l'est de la France ; il est répandu en Suisse, en Italie, en Allemagne et dans l'Amérique du Nord.

Le corps de ce poisson est allongé, élevé et comprimé latéralement. Ses formes sont gracieuses, ses couleurs vives et ses mouvements très agiles. Les parties supérieures du corps sont d'un brun verdâtre, mêlé de jaune. Les flancs sont d'un jaune d'or, ponctué en noir vers la tête, et le ventre est blanc, plus ou moins argenté. Quand il nage dans l'eau, son corps jette des reflets métalliques, couleur d'acier. Sa chair est blanche et très recherchée.

L'ombre commun aime les eaux tempérées et pures. Il habite les régions intermédiaires entre le barbeau et la truite, tout en se rencontrant dans les mêmes eaux avec ces espèces, aux extrémités de son domaine. Il se nourrit de larves, de phryganes, d'éphémères, de crustacés, de toutes sortes d'insectes et de petits poissons. On le trouve surtout dans les rivières à truites, dont il habite les parties inférieures.

Il fraie sur du gravier pendant les mois de mars et d'avril. Ses œufs, un peu plus petits que ceux de la truite, ne peuvent se transporter qu'avec le secours de la glace, pour les rafraîchir pendant le voyage. Il est facile de les féconder par les procédés artificiels; mais pour nourrir les jeunes poissons, il faut avoir surtout recours à la proie vivante.

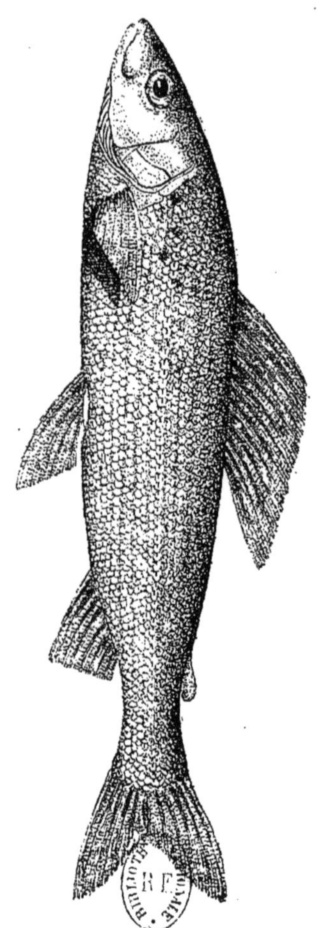

Fig. 8. — L'Ombre commun

LES CORÉGONES

(Genre.)

Coregonus. — The Whitefish. — Die Maraene.

Les corégones sont des salmonides qui vivent en société et habitent généralement les lacs. Ils ont le corps allongé et comprimé latéralement. Les écailles sont petites et se détachent avec facilité. La tête est de forme triangulaire, le museau arrondi et la bouche très petite. La robe est d'un gris foncé sur le dos; les flancs et le ventre sont argentés. Une ligne grise relie les ouïes à la queue. La nageoire dorsale est verdâtre, bordée de noir, avec un reflet rose pendant la jeunesse.

Le genre corégone se subdivise en plusieurs espèces, dont les mœurs ne sont pas tout à fait les mêmes. Les plus remarquables sont les suivantes :

La féra (Coregonus féra; allemand : Sand-Felchen, Renke).

Le lavaret (C. lavaretus ou Wartmanni; all., Gangfisch) (fig. 9).

La grande maraene (Coregonus maraena; all., grosse Maraene).

L'oxyrhynque (C. oxyrhyncus; all., Schnaepel).

Tous ces poissons possèdent une chair des plus savoureuses. Les deux premières espèces n'habitent que les lacs d'une grande profondeur et n'atteignent qu'une taille médiocre, le lavaret surtout. La grande maraene vit dans les eaux d'étang, de profondeur médiocre, et atteint un poids de 3 à 4 kilogrammes. L'oxyrhynque enfin

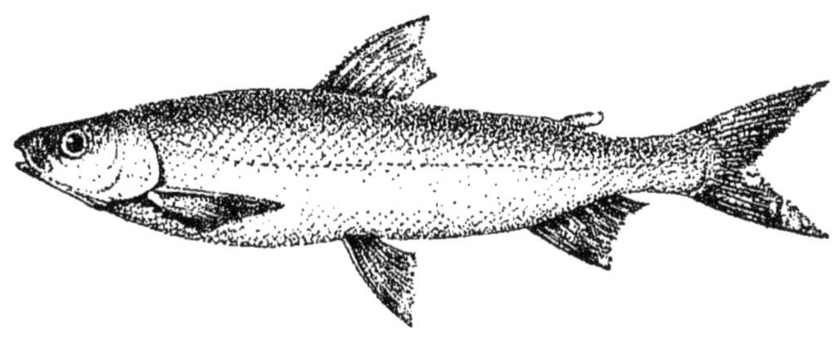

Fig. 9. — Le Lavaret.

se rencontre dans les mers du Nord, et remonte les cours d'eau, à la recherche des étangs, où il dépose son frai.

Les corégones se nourrissent exclusivement de petits insectes, de vers, de crustacés, et principalement de petits mollusques. Dans les lacs on les prend en grande quantité, quand, au commencement du mois de décembre, ils remontent des profondeurs et s'approchent des bords, pour se reproduire. Ces poissons ont la constitution délicate, et ne se transportent vivants qu'avec les plus grandes précautions.

Ils fraient en novembre et décembre dans l'eau fraîche et tranquille, sur des fonds de sable ou de gravier fin, dépourvus de végétation. Les œufs sont très petits et très légers. Leur incubation dure environ 60 jours, et la vésicule ombilicale est résorbée 15 jours après l'éclosion.

La féra et le lavaret ne se rencontrent abondamment en France que dans le lac de Genève et dans celui du Bourget. Ils ont très bien prospéré dans le réservoir des Settons (Nièvre), où ils ont été acclimatés, en 1864, par l'établissement de Huningue. La féra peut être élevée dans des bassins de peu d'étendue et de profondeur, uniquement alimentés par des eaux d'infiltration. La grande maraene est indigène dans l'Allemagne du Nord et y habite les lacs et les étangs des plaines voisines de la mer Baltique. On cherche à la propager à cause de sa rusticité et de ses grandes dimensions. L'oxyrhynque est voyageur comme le saumon. Il est inconnu en France et ne se rencontre en Europe que dans les contrées voisines de la mer Baltique.

De tous ces poissons, le lavaret est le plus estimé, à cause de la finesse remarquable de sa chair.

II

FAMILLE DES CLUPÉIDES

L'ALOSE

Alosa. — The Shad. — Der Maifisch.

L'alose appartient à la famille des harengs, des sardines, etc., et, de toutes ces espèces, elle est la seule qui fréquente les eaux douces. C'est un poisson voyageur, qui ne séjourne dans les rivières que pendant le temps nécessaire pour y déposer son frai. Il a le corps élevé, comprimé sur les côtés, et se distingue surtout par sa carène ventrale, dentelée en forme de scie. La tête est petite, la bouche large et les yeux grands. Le dos est verdâtre, le reste du corps est d'un blanc argenté avec une ou deux taches noires derrière les ouïes.

L'alose ne mange pas dans les eaux douces et tire toute sa substance de la mer. On en distingue, en Europe, deux espèces principales : *l'alose vulgaire* et *la finte.*

L'alose vulgaire est un poisson dont la chair est estimée, et qui atteint une taille de $0^m,60$ à 1 mètre et un poids de 2 à 3 kilogrammes. Elle habite toutes les mers d'Europe et se rencontre dans tous ses fleuves. Elle vient visiter les eaux douces au printemps, un peu plus tôt ou plus tard, selon la température. Elle paraît dans le

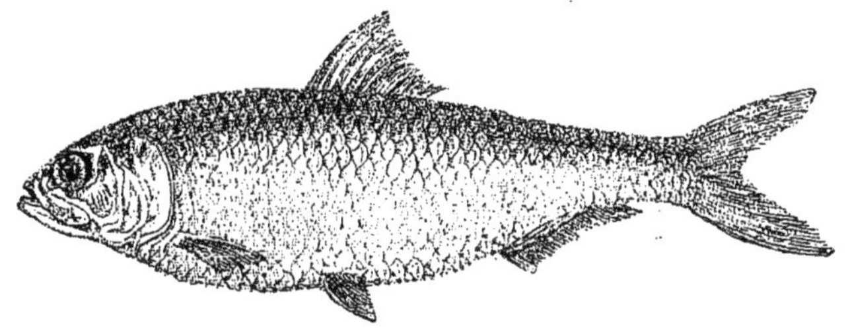

Fig. 10. — L'Alose.

Rhône en avril et en mai; dans le Rhin, en mai et en juin; dans le Nil, on la pêche pendant les mois de décembre et de janvier. Elle ne séjourne pas plus de deux mois dans les eaux douces.

Pendant la ponte, ce poisson maigrit beaucoup, et s'épuise au point de mourir de faiblesse. Les œufs sont très petits et très légers. Ils sont pondus au milieu du courant d'eau, qui les emporte flottants vers ses parties inférieures. Une femelle produit 50,000 à 100,000 œufs, et les mâles sont capables de se reproduire dès la première année.

L'alose finte (anglais : pilchard) a le corps plus

allongé que l'alose ordinaire. Sa robe est la même, mais elle est mouchetée de cinq à six taches noires, placées sur les flancs et partant des ouïes. Elle est plus petite que l'alose ordinaire, et atteint tout au plus une longueur de 0^m,40 et le poids de 1 kilogramme. Elle paraît dans les rivières un mois à peu près après sa congénère, et fraie en juin et juillet, en grand rassemblement, au milieu du cours d'eau. Sa chair a peu de valeur.

L'Amérique possède une espèce spéciale d'aloses, dont la chair est très estimée. Elle fraie dans le milieu des rivières lorsque l'eau est très chaude. On est parvenu à la reproduire artificiellement en grandes quantités et à l'acclimater dans des cours d'eau qu'elle ne fréquentait pas antérieurement.

L'alose se rencontre en abondance en Chine et aux Indes. D'après M. de Thiersant [1], ce seraient des variétés différentes de celles qui remontent nos fleuves.

1. Dabry de Thiersant, *la Pisciculture et la Pêche en Chine.*

III

FAMILLE DES ÉSOCIDES

LE BROCHET

Esox lucius. — The Pike. — Der Hecht.

Le brochet est un des poissons les plus répandus du globe. Son corps est cylindrique et allongé; la tête est déprimée, large, oblongue. Le museau est en forme de spatule, la bouche très fendue, large et fortement armée de dents recourbées en arrière. La tête et la partie supérieure du corps sont d'un vert grisâtre, les côtés sont plus clairs et le ventre est blanc, plus ou moins pointillé de noir. Sur les flancs se dessinent irrégulièrement des bandes transversales de couleur olivâtre.

La voracité du brochet est proverbiale, elle l'a fait surnommer le requin d'eau douce. En deux jours, il peut consommer son propre poids de nourriture; aussi croît-il très rapidement. En un an, il acquiert une longueur de 0m,20 à 0m,30 et un poids de 500 à 1,000 grammes. Il atteint des dimensions considérables, vit très longtemps, et arrive à peser plus de 40 kilogrammes. Il s'accommode de toute espèce d'eau, pourvu qu'elle ne soit pas trop fraîche, ni troublée par la vase et les impuretés. Il est éminemment ichtyophage et dépeuple rapidement les cours d'eau où on le laisse foisonner. La chair des brochets est blanche, ferme et de bon goût, surtout quand ils

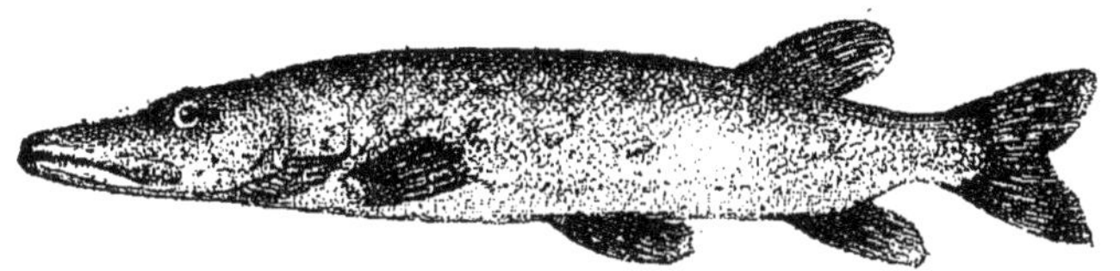

Fig. 11. — Le Brochet.

proviennent des lacs. Elle devient dure et coriace lorsque ce poisson provient de rivières dépeuplées, où il est obligé de se donner beaucoup de mouvement pour chasser sa proie, surtout quand il est âgé, et que son poids dépasse 3 ou 4 kilogrammes. Dans ce cas, on ne doit la consommer qu'un ou deux jours après la capture; ce retard rend la chair plus délicate.

Le brochet ne remonte pas les rivières pour frayer. Il vit habituellement d'une manière solitaire, mais au moment de la fraie il recherche la société. Fin février et pendant le mois de mars, il dépose ses œufs sur les végétaux qui garnissent les berges des rivières, et peut, à ce moment, se prendre avec beaucoup de facilité. Il est très prolifique. Ses œufs sont petits, mûrissent à une température de 10 à 12 degrés centigrades et exigent de 12 à 14 jours pour éclore. Les alevins vivent d'abord d'infusoires, de vers et d'insectes; mais dès le milieu du mois de juin ils se mettent en chasse et saisissent, pour se nourrir, le frai des poissons qui pondent à cette époque.

Dans les cours d'eau libres il faut, sinon détruire le brochet, du moins restreindre sa propagation le plus possible, à cause des ravages qu'il exerce autour de lui. Dans les étangs à carpes, sa présence, au contraire, est très utile, parce qu'il fait disparaître tout le fretin qui enlèverait de la nourriture aux carpes, et qu'il empêche ces dernières de frayer et de s'affaiblir par la ponte. Le brochet témoigne d'une prédilection très marquée pour la tanche, qu'il poursuit sans relâche, partout où il la rencontre.

IV

FAMILLE DES PERCIDES

LA PERCHE

Perca fluviatilis. — The Perch. — Die Barsche.

Dans toutes les parties tempérées de l'Europe, la perche se rencontre aussi fréquemment dans les rivières que dans les lacs et les étangs. Elle aime surtout les eaux claires et les fonds de gravier et de sable. Son corps est oblong et comprimé; sa robe très belle. La tête et le dos sont d'un brun verdâtre; les flancs ont des reflets dorés et le ventre est d'un blanc nacré. Des bandes de couleur foncée, au nombre de cinq à huit, sillonnent le corps de haut en bas. Les nageoires anale et pectorale sont d'un rouge vif.

La perche est carnassière et très vorace. Elle se nourrit d'insectes, de frai de poisson et de petits poissons. Elle grandit peu; rarement elle atteint une longueur de $0^m,50$ et un poids de 3 kilogrammes. Les nageoires dorsales sont armées de piquants qu'elle redresse au moment du danger; on retrouve des rayons épineux dans les nageoires ventrales et anales. Ces pointes protègent la perche contre les atteintes des poissons chasseurs.

La perche fraie depuis le mois de mars jusqu'à la fin du mois de mai. Elle est extrêmement pro-

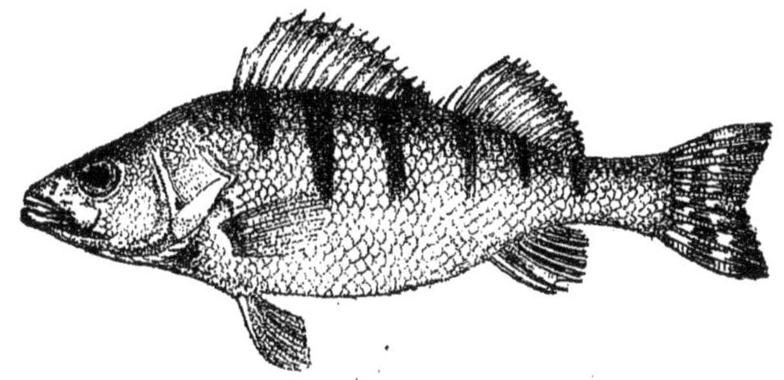

Fig. 12. — La Perche.

lifique, et, quand elle est de taille moyenne, elle pond jusqu'à 500,000 œufs, qu'elle dépose aux endroits où le courant est suffisamment rapide. Ces œufs sont agglomérés par une matière mucilagineuse et s'attachent aux herbes aquatiques en longs chapelets.

La chair de la perche est très estimée. On élève quelquefois ce poisson dans les étangs à carpes, pour remplacer le brochet, mais il en faut surveiller la multiplication, qui, trop abondante, peut amener la destruction des autres espèces, dont la perche dévore les œufs et les rejetons.

LE SANDRE

Lucioperca sandra. — The Perch-pike. — Der Schill, Amaul, Zander.

Le sandre se rencontre dans le bassin du Danube, en Prusse, en Suède et en Russie. Il ressemble à la perche par la forme de son corps. Sa robe est d'un vert jaunâtre, qui se dégrade depuis le dos jusqu'au ventre, avec des raies verticales de couleur foncée. Les nageoires sont armées de piquants comme celles de la perche.

Le sandre vit aussi bien dans les eaux courantes que dans les étangs, mais il répugne aux fonds vaseux, où l'eau se trouble facilement. Il est carnivore et se nourrit surtout de cyprins. Les brêmes et les gardons sont l'objet préféré de ses chasses, pendant lesquelles il déploie moins d'ardeur cependant que le brochet et la perche. Sa chair est plus estimée que celle de ces deux poissons. Ses dimensions dépassent celles de la perche, mais sont très loin d'atteindre celles du brochet. Le sandre fraie d'avril à juin, sur les berges sablonneuses, où il dépose une grande quantité d'œufs.

En Bohême, on élève ce poisson dans les étangs à carpes. Il prospère surtout dans les eaux fraîches et profondes, privées de végétation, où l'eau alimentaire apporte, des cours d'eau voisins, de nombreux petits poissons blancs, qui lui servent de nourriture.

On a inutilement fait l'essai d'acclimater ce

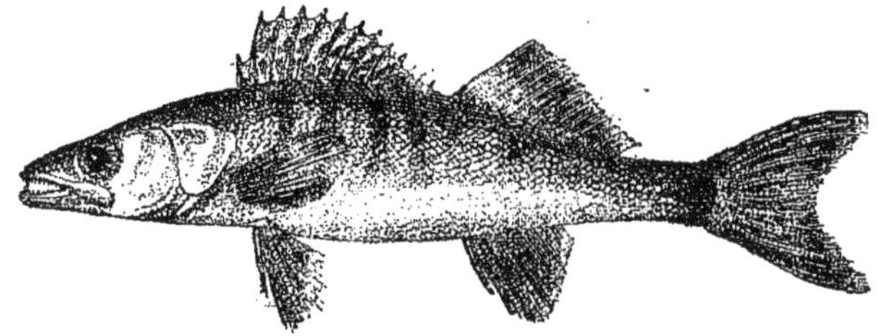

Fig. 13. — Le Sandre.

poisson en Angleterre. On peut cependant le transporter facilement à de grandes distances, dans de l'eau froide et bien aérée, à condition de ne choisir les voyageurs que parmi les poissons bien portants, revêtus d'une robe d'un vert brillant.

L'acclimatation du sandre serait désirable en France. Dans les étangs à carpes il remplace en partie les brochets, et donne des produits plus délicats et d'une plus grande valeur, tout en exigeant moins de nourriture.

V

FAMILLE DES GADIDES

LA LOTTE

Lota vulgaris. — The Burbot. — Die Rutte, Quappe, Trüsche.

La forme de la lotte est remarquable. Elle est presque cylindrique et ressemble à l'anguille. Sa bouche est grande, et sa mâchoire inférieure porte un unique barbillon charnu. Sa robe est de couleur jaune verdâtre, marbrée de taches brunes.

La lotte est répandue dans presque tous les cours d'eau et dans les lacs de l'Europe moyenne et septentrionale. Sa voracité égale presque celle du brochet. Elle est avide surtout de frai de poissons, et le recherche en rampant près du sol. Elle se cache dans la vase, ou se blottit sous une pierre, à l'affût du poisson, qu'elle attire en agitant son barbillon, qui ressemble alors à un ver sortant de terre.

La chair de la lotte est très estimée; elle est blanche, ferme, sans arêtes et savoureuse. Son foie est très gros et assez délicat pour être recherché à titre de gourmandise. La lotte atteint une longueur de 60 à 70 centimètres, et un poids

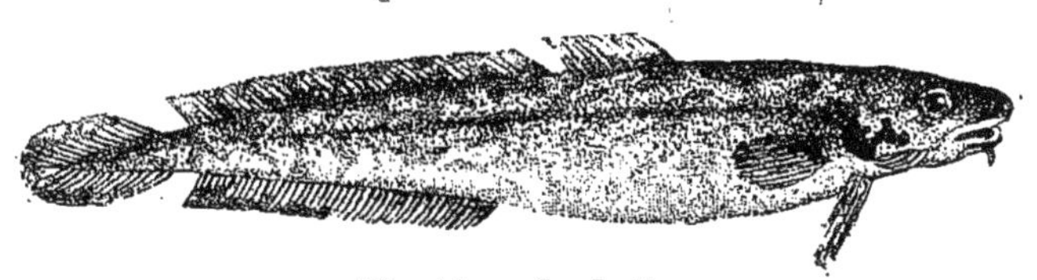

Fig. 14. — La Lotte.

de 3 à 4 kilogrammes; il est rare qu'elle les dépasse.

Elle fraie à partir de la fin du mois de février, jusqu'au mois d'avril. Les œufs sont extrêmement nombreux, très petits, et éclosent sur le sable, dans des eaux tranquilles et peu profondes. On n'a pas réussi jusqu'à présent à reproduire la lotte artificiellement.

VI

FAMILLE DES SILUROIDES

LE SILURE

Silurus glanis. — Sheatfish. — Der Wells, Schade.

Ce poisson, qui ressemble beaucoup à la lotte, est très commun dans le Volga et le Danube, et se rencontre dans quelques lacs de la Suisse; il est rare dans le Rhin. Il a la tête aplatie, la bouche très grande et porte six barbillons, dont quatre à la mâchoire inférieure. Sa robe est foncée, d'un noir verdâtre, parsemée de marbrures plus sombres.

Le silure est très vorace. Quand on l'introduit dans un étang, il le transforme en désert et le quitte après l'avoir dévasté, en passant par-dessus les digues, comme font les anguilles. Sa chair est huileuse et peu estimée. Il se nourrit exclusivement de proies vivantes, et peut atteindre le poids très considérable de 200 à 300 kilogrammes.

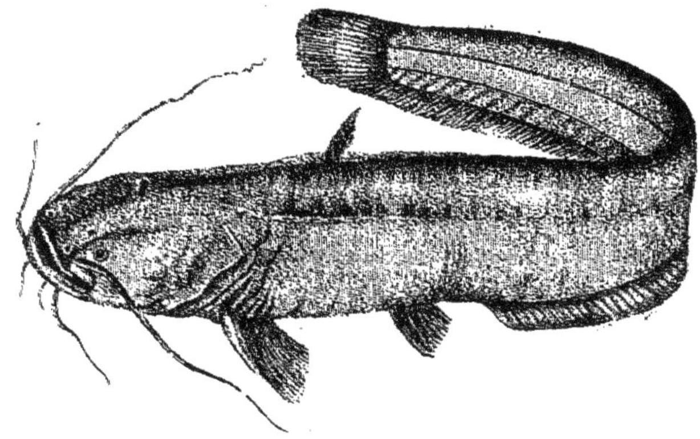

Fig. 15. — Le Silure.

Ce poisson ne se rencontre pas dans les eaux françaises, et ne mérite en aucune façon les honneurs d'une acclimatation qui ne pourrait qu'être désastreuse.

VII

FAMILLE DES MURÉNIDES

L'ANGUILLE

Anguilla vulgaris. — *The Eel.* — *Der Aal.*

L'anguille est un poisson voyageur qu'on trouve dans toutes les parties du monde. Par une exception remarquable, elle manque dans les bassins fluviaux qui versent leurs eaux dans la mer Noire et dans la mer d'Azow. Elle ne fraie pas dans l'eau douce. Née dans la mer, elle se présente au mois de mars, en immenses quantités, aux embouchures des fleuves, pour les remonter.

L'anguille a le corps cylindrique, analogue à celui du serpent, couvert d'écailles extrêmement petites. La tête est comprimée; l'œil est petit et placé immédiatement au-dessus des angles de la bouche. La robe est très variable, selon la nature des eaux. Le plus souvent, les parties supérieures de l'anguille sont de couleur grise olivâtre et le ventre est blanc. En hiver, les teintes sont beaucoup plus pâles qu'en été.

A son arrivée dans les eaux douces, l'anguille est incolore, filiforme; elle mesure de 25 à 40 millimètres en longueur et 2 millimètres en diamètre. On lui donne alors le nom de *montée*. Une anguille femelle, de dimensions moyennes, renferme

Fig. 16. — L'Anguille.

de 8 à 10 millions d'œufs; mais dans l'eau douce, ils restent constamment à l'état microscopique. Jusqu'à présent, on n'a pas constaté de capture d'une anguille de sexe mâle dans les eaux douces, mais on en rencontre dans la mer, près des embouchures des fleuves.

Ce poisson grandit dans les eaux douces et se nourrit de toute sorte de proies. Il consomme des vers, des insectes, des limaces et des petits poissons, il fait surtout la chasse aux grenouilles et aux écrevisses. Pendant la nuit, l'anguille sort de l'eau pour chercher sa proie au milieu des herbes humides. On peut l'élever dans des espaces très restreints, avec peu de dépense et sans beaucoup de peine. Bien nourrie, elle grandit rapidement et produit une chair grasse et savoureuse. Elle peut atteindre un poids de 4 à 5 kilogrammes et une longueur de $1^m,50$ à $1^m,80$. Après plusieurs années passées dans l'eau douce, elle descend à la mer, en octobre et en novembre. Pendant les nuits obscures, les anguilles, pelotonnées en groupes, se laissent emporter au fil de l'eau. On en prend beaucoup à cette époque dans des verveux installés dans les coursiers des usines, et d'autres, en grand nombre, se font hacher par les roues des turbines.

La montée d'anguilles, emballée dans de la mousse humide ou dans des herbes aquatiques, peut se transporter, sans perte sensible, à de grandes distances, et servir à empoissonner les eaux.

Aux embouchures du Pô, à Comacchio, en Italie, on a construit de grands étangs qu'on peut alternativement remplir d'eau douce et d'eau de mer, au moyen de canaux spéciaux munis d'écluses. On y récolte la montée, on l'y engraisse, et on la pêche tous les ans. Dans cette ville et sur les bords de la mer Baltique, la pêche de l'anguille, qu'on apprête de différentes façons pour la conserver, donne lieu à un commerce très étendu.

On distingue en France plusieurs espèces d'anguilles, qui diffèrent par la conformation de la tête. On ignore toutefois si l'on se trouve en présence de variations de formes accidentelles ou de véritables variétés de l'espèce. On distingue les anguilles communes, de celles qu'on appelle anguilles à large bec, à bec moyen, à long bec et à bec oblong. Il est probable que toutes ces variétés appartiennent à la même espèce, car toutes ont le même nombre de vertèbres et les mêmes mœurs.

L'idée a été émise que l'anguille n'est que la larve d'un poisson d'une autre forme. Elle ne peut plus être soutenue scientifiquement, depuis qu'on a découvert des ovaires garnis de myriades d'œufs microscopiques, dans le ventre des anguilles qui descendent vers la mer, et constaté le sexe d'anguilles mâles. On ignore d'ailleurs si l'anguille est ovipare ou vivipare. Il est très probable qu'elle est dans le premier cas. Ce qui a fait supposer quelquefois qu'elle est vivipare, c'est qu'on rencontre souvent dans ses intestins de petits vers abdominaux, qui ressemblent à la montée. Jamais ces vers ne se rencontrent dans la cavité abdominale, et ils ne peuvent par conséquent être des rejetons de l'anguille.

VIII

FAMILLE DES COTTIDES

LE CHABOT

Cottus gobio. — The Bullhead. — Groppe, Kaulkopf.

Ce poisson a la tête large et déprimée; le corps va en s'amincissant depuis la tête jusqu'à la queue; la peau est nue. La robe est terne, d'un brun tacheté de noir sur le dos et les flancs; le ventre est blanc.

On le nomme quelquefois *têtard,* à cause de son analogie de forme avec la larve de la grenouille. Le chabot est répandu dans toute l'Europe. Il fréquente les eaux vives, à fond de gravier, et se tient habituellement près des berges, où il se cache sous les pierres. Ses mouvements sont saccadés, mais très rapides. Il se nourrit de substances végétales, d'insectes et surtout de larves de libellules. Sa chair est savoureuse et appréciée par les poissons carnassiers, qu'on élève dans les étangs. Sa taille ne dépasse pas 12 à 15 centimètres.

Le chabot fraie en mars et avril. La femelle

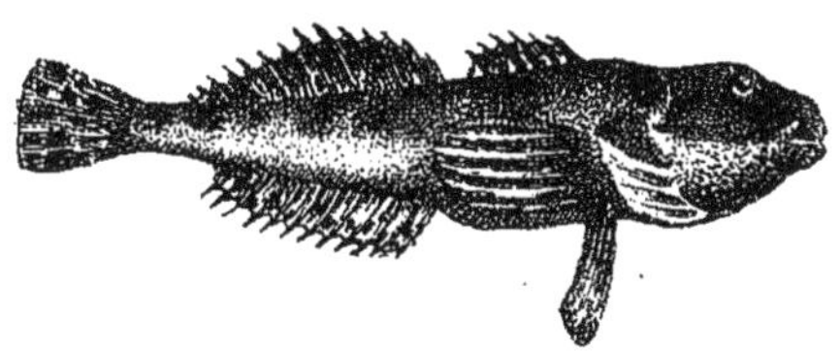

Fig. 17. — Le Chabot.

dépose sur des pierres ses œufs groupés en pelote. Ils sont gros, jaunâtres, relativement peu nombreux, et le mâle les garde pendant 30 à 35 jours, jusqu'à leur l'éclosion.

IX

FAMILLE DES GASTÉROIDES

L'ÉPINOCHE

Gasterosteus aculeatus. — *Stickleback.* — *Stichling.*

Ce petit poisson, au corps allongé, orné de couleurs vives, se rencontre dans tous les cours d'eau d'Europe, à l'exception de ceux du bassin du Danube. Son dos et son ventre sont munis d'ardillons, épines acérées qui le protègent contre ses ennemis. On en compte de trois à six sur le dos; elles sont mobiles, et se relèvent, chaque fois que le poisson éprouve de la crainte, ou lorsqu'on le sort de l'eau.

Il se réunit par bandes, pour attaquer et dévorer les gros poissons, qui ne peuvent se défendre contre ses attaques, qu'en l'écartant à coups de queue. Il se nourrit d'insectes, de vers, de chair de poissons et surtout de leurs œufs. C'est un grand destructeur, qui n'a aucune valeur par lui-même.

L'épinoche fraie en juillet et en août. Dès le mois de juin, le mâle revêt des couleurs vives et brillantes, et construit un nid d'herbes, qu'il

Fig. 18. — L'Épinoche.

place dans une excavation du sol, ou suspend aux végétaux aquatiques. Dans ce nid, il féconde les œufs déposés par la femelle et les surveille, même après leur éclosion.

On en compte environ quinze espèces, qui sont indigènes dans les eaux françaises.

X

FAMILLE DES CYPRINIDES

LA CARPE

Cyprinus carpio. — *The Carp.* — *Der Karpfen.*

La carpe est le véritable poisson de culture des étangs. Elle est originaire de la Perse ou de l'Asie Mineure et était connue des anciens. C'est même le seul cyprinide cité par Aristote, et, comme du temps de Pline, elle était exotique à Rome : on la prenait pour un poisson de mer. Les Romains l'introduisirent dans les Gaules, et, au moyen âge déjà, elle peuplait les nombreux étangs exploités par les seigneurs et les couvents : il en est fait mention dans une ordonnance de 1258. Elle fut activement propagée en France pendant le règne de François Ier. En Angleterre, elle ne fut introduite qu'en 1514, et en 1660 en Danemark. Aujourd'hui la carpe est répandue dans toute l'Europe. Comme elle ne se reproduit pas dans les eaux froides et qu'elle dégénère dans les pays du nord, on peuple les étangs de la Suède avec des carpillons importés d'Allemagne et de Hollande.

La carpe a le corps élevé, comprimé latéralement et recouvert de grandes écailles. Son dos est plus ou moins voûté. La tête est pyramidale;

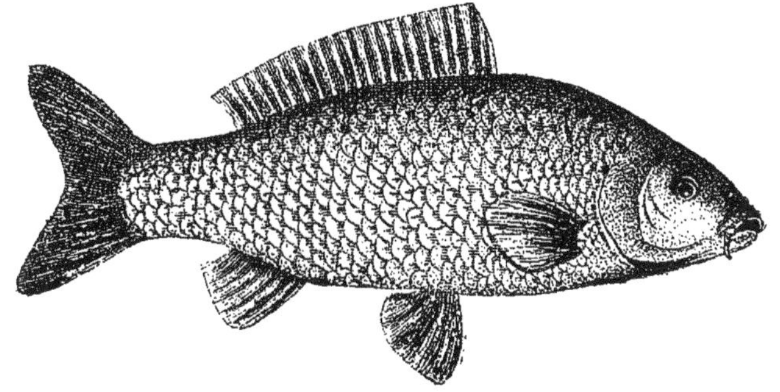

Fig. 19. — La Carpe.

la bouche petite, portant deux paires de barbillons, dont l'une est située à la lèvre supérieure et l'autre, plus longue, aux coins de la bouche. La couleur générale de la carpe est d'un brun doré, assez clair chez les individus qui ont vécu dans les eaux courantes, et plus sombre chez ceux qui ont passé leur existence dans les étangs. Souvent des reflets bleuâtres se manifestent dans la région dorsale, et une teinte orangée orne ses flancs. Le ventre est blanc jaunâtre.

Depuis l'époque où la carpe a été domestiquée dans les étangs de l'Europe, il s'est produit plusieurs variétés remarquables. On distingue la carpe miroir, qui n'est revêtue que de quelques écailles peu nombreuses, mais très grandes, disposées sur les flancs et le dos, en deux ou trois rangées irrégulières (fig. 20). On connaît encore la carpe à cuir, qui a la peau nue, la carpe bossue, la carpe reine, la carpe de Hongrie et la carpe

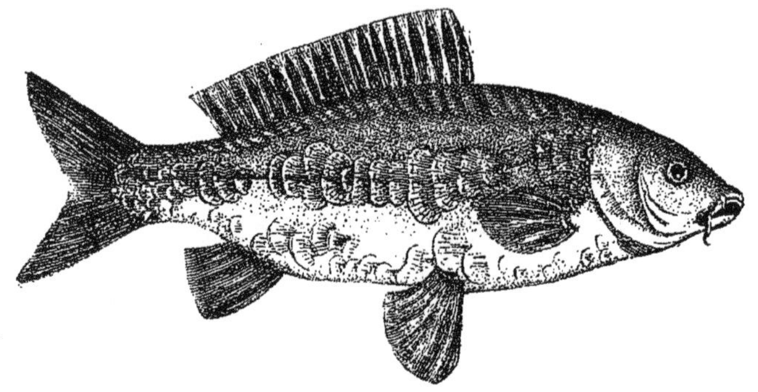

Fig. 20. — La Carpe miroir.

Kollar. Cette dernière est considérée par quelques auteurs comme un métis de la carpe et du carassin. Dans le Rhône, on pêche le carpeau, dont la chair est des plus délicates. Il est moins allongé que la carpe, très gros, et atteint des dimensions considérables. On ignore si c'est une variété spéciale.

Les carpes aiment les eaux tranquilles et riches en végétaux; les fonds de glaise et de tourbe ne leur répugnent pas. Elles se nourrissent de conferves, de débris de végétaux, d'insectes, de vers et même de petits poissons. On les engraisse facilement, et on obtient des résultats remarquables par la castration. La carpe grandit vite. En trois ans, elle peut atteindre le poids de 2 à 3 kilogrammes. Elle vit fort longtemps et peut acquérir, avec le temps, un poids de 30 à 40 kilogrammes.

La carpe est très prolifique. Quand elle ne pèse que 250 grammes, elle pond environ 200,000 œufs; avec un poids de 2,500 grammes, elle arrive à en pondre 600,000. Elle fraie au mois de juin, quand l'eau a atteint une température de 20 degrés centigrades. Quelquefois, pendant les années chaudes, il se produit des pontes au mois de mai et d'autres au mois de septembre. Les œufs s'attachent aux plantes aquatiques. Dès le quatrième jour, on aperçoit les yeux du petit poisson, et l'éclosion a lieu peu de jours après. La carpe se croise avec le carassin et avec la chevaine, et donne alors des métis de qualité inférieure.

On transporte facilement la carpe vivante dans des tonneaux remplis d'eau aux deux tiers de leur profondeur. Lorsque la distance n'est pas très grande, on peut l'emballer simplement dans de la mousse humide, en lui plaçant dans la bouche un morceau de pain trempé d'eau.

La reproduction artificielle des carpes est des plus faciles. Elle est subordonnée à la condition de maintenir à une température convenable l'eau qui sert aux fécondations, et dans laquelle doivent avoir lieu les éclosions.

LE CARASSIN

Cyprinus carassius; Cyprinopsis. — The Crucian carp. — Die Karausche.

Le carassin a le corps épais, allongé et d'une hauteur moindre que la carpe, dont il est loin d'atteindre les dimensions. Commun en Allema-

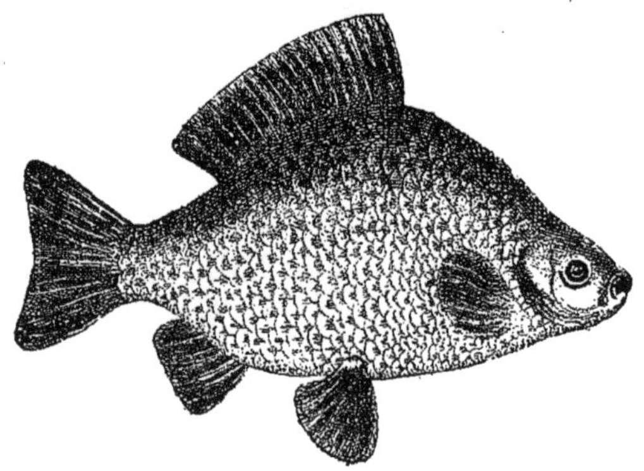

Fig. 21. — Le Carassin.

gne, il est rare en Angleterre et ne se rencontre, en France, que dans les environs de Lunéville, où le roi Stanislas l'a importé de Bohême. Il s'est maintenu, depuis cette époque, dans les étangs des environs de cette ville.

Le carassin se nourrit de substances végétales et de petites proies vivantes. Sa taille ne dépasse pas $0^m,25$ à $0^m,30$, mais ce poisson est très rustique et réussit dans les plus petites mares d'eau. C'est le vrai poisson domestique désigné pour l'élevage aux petits fermiers et aux propriétaires ruraux.

On évite de placer du carassin dans les étangs à carpes, afin de ne pas provoquer la naissance de métis, dont la valeur serait inférieure à celle de chacune des deux espèces qui auraient concouru à leur production.

LE POISSON ROUGE

Cyprinopsis auratus. — *The Goldcarp.* — *Der Goldfisch.*

Originaire de la Chine et introduit d'abord dans l'île de Sainte-Hélène, ce poisson a été apporté en Angleterre en 1728. De là, il a passé en Hollande, et les premiers qu'on vit en France y furent envoyés à Mme de Pompadour.

La robe de ce poisson est splendide. Elle varie entre le blanc, le brun olivâtre et le rouge d'or. Il a le corps épais et d'une hauteur moindre que ses congénères. Les écailles sont grandes et arrondies. Les variétés en sont nombreuses.

Le poisson rouge se nourrit de substances végétales, de vers et d'insectes, et prospère facilement dans les étangs qui ne sont pas trop exposés à geler en hiver. Il sert à orner les aquariums et les étangs des parcs et des promenades. C'est un poisson d'agrément, qui n'a pas d'autre utilité.

LA CHEVAINE

Squalius dobula. — The Chub. — Der Doebel.

Le corps de la chevaine est épais, allongé et couvert de grandes écailles striées. Ses formes sont élégantes et ses mouvements rapides. Les couleurs de sa robe sont vives : le dos est d'un vert bronzé, les flancs sont dorés et le ventre est blanc nacré. Les nageoires inférieures sont rouges et quelquefois d'une teinte rosée très délicate.

La chevaine est extrêmement commune dans nos cours d'eau. Elle se plaît à demeurer près des cascades et des courants d'eau rapides, surtout près des coursiers des usines hydrauliques. De là, sans doute, lui vient le nom de *meunier*, sous lequel elle est généralement connue.

Ce poisson est très vorace. Il se nourrit aussi bien de substances végétales que de proies vivantes et de poissons. Pour cette raison, on ne doit pas le tolérer dans les étangs. La croissance de la chevaine est rapide; elle peut atteindre une longueur de $0^m,50$ à $0^m,60$ et un poids de 3 à 4 kilogrammes. Sa chair est remplie d'arêtes, molle et peu estimée. La chevaine fraie en mai

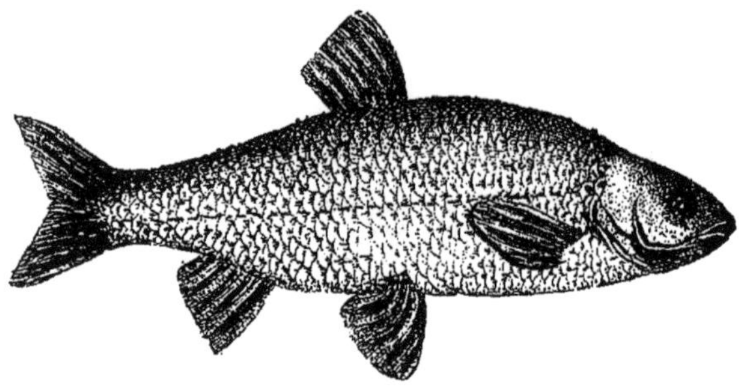

Fig. 22. — La Chevaine.

et en juin, la ponte se prolonge quelquefois pendant un mois. Elle est très prolifique et dépose ses œufs sur les pierres et au milieu des graviers.

Les naturalistes en distinguent plusieurs variétés.

LA VANDOISE

Squalius leuciscus. — The Dart ou the Dace. — Der Weissfisch, Rottel.

La vandoise tient à la fois de la chevaine et du gardon. Ses écailles sont plus petites que celles de la chevaine et son corps est moins arrondi que celui du gardon. C'est un des poissons les plus

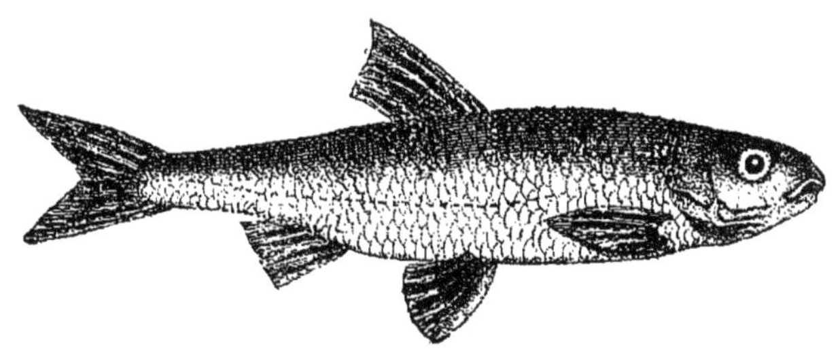

Fig. 23. — La Vandoise.

communs du centre de l'Europe. Sa taille ne dépasse pas $0^m,20$ à $0^m,25$, et sa chair n'a pas de valeur.

Elle vit dans les eaux claires et limpides, et fraie sur des fonds de gravier pendant les mois de mars et d'avril. On en connaît beaucoup de variétés.

LE GARDON

Leuciscus rutilus. — The Roach. — Das Rothauge, die Ploetze.

Le gardon, appelé communément la *rosse,* habite aussi bien les lacs que les rivières. Il est répandu dans la plus grande partie de l'Europe. Son corps est élevé et comprimé latéralement; la bouche est petite et sans barbillons. Sa robe est brillamment colorée. Le dos est vert foncé, avec des reflets bleuâtres, quelquefois dorés ou irisés; les flancs sont argentés, avec des reflets bleuâtres, et mouchetés souvent par des taches et des points bruns, éparpillés en plus ou moins grand nombre; le ventre est blanc d'argent. Les nageoires pectorales, ventrales et anale sont teintées en rouge vif.

Les gardons vivent en société. Ils aiment les eaux tranquilles et peu profondes, et se tiennent près des rives. Leur nourriture consiste en végétaux et en petites proies vivantes. Ils grandissent rapidement, mais il est rare que leur taille dépasse $0^{m},35$, et leur poids est presque toujours inférieur à celui de 1 kilogramme. La chair renferme beaucoup d'arêtes et n'est pas estimée.

Les gardons sont très prolifiques. En mai et en juin, ils suspendent leurs œufs contre les herbes, branches d'arbres ou autres objets flottant à la surface de l'eau. La durée de la fraie est de 5 à

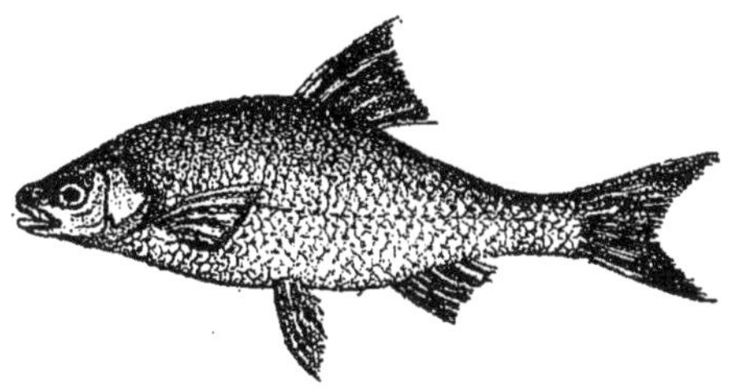

Fig. 24. — Le Gardon.

6 jours, et l'éclosion des œufs arrive de 10 à 15 jours après la ponte.

Il existe beaucoup de variétés de gardons. Souvent on les confond avec le rotengle ou gardon rouge, qui est d'un genre différent et fraie un peu plus tôt. Ces poissons sont indiqués pour servir de pâture aux truites et aux brochets, dans les étangs où on les élève.

LA BRÊME

Cyprinus brama. — The Bream. — Die Brachse, der Bley.

La brême a le corps comprimé et très élevé. On la rencontre dans la plupart des lacs et des rivières d'Europe, où le courant n'est pas trop

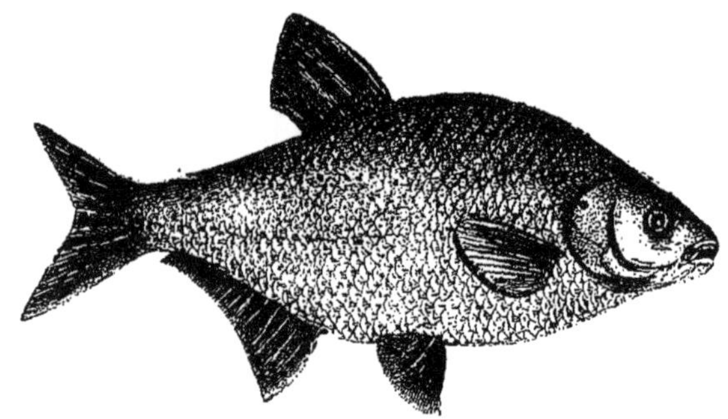

Fig. 25. — La Brême.

vif. Elle prospère sur les fonds vaseux couverts d'une abondante végétation aquatique.

La brême se nourrit de végétaux, d'insectes et de vers. Elle croît rapidement et atteint une longueur de $0^{m},60$, avec un poids de plus de

3 kilogrammes. Elle fraie pendant la nuit, en mai et en juin, et dépose ses œufs sur les herbes. Sa chair est blanche et a bon goût, mais elle est molle et par suite peu estimée.

On distingue la brême commune et la *brême bordelière,* qui vit dans les mêmes eaux, mais lui est inférieure en taille. Ces poissons doivent être exclus des étangs à carpes, parce qu'ils leur enlèveraient une partie de leur nourriture.

L'ABLETTE COMMUNE

Cyprinus alburnus. — The Bleak. — Die Laube, Maiblecke.

L'ablette commune se rencontre en abondance dans toutes nos rivières. Elle a le corps allongé, comprimé latéralement. Ses écailles sont d'un blanc d'argent nacré, qui les a désignées pour la

Fig. 26. — L'Ablette commune.

fabrication de l'essence d'Orient, avec laquelle on colore les perles fausses.

L'ablette se nourrit d'insectes et de végétaux. Sa taille atteint rarement $0^m,25$. Elle fraie en mai et juin, dans les herbes aquatiques, et pond un très grand nombre d'œufs. Sa chair est peu recherchée sur les marchés, mais les poissons carnassiers la prisent beaucoup : c'est un excellent appât pour les brochets et pour les truites.

On distingue encore deux autres variétés d'ablettes indigènes en France : ce sont l'ablette Spirlin et l'ablette Hachette.

LE BARBEAU

Cyprinus barbus. — The Barbel. — Die Barbe.

Le corps du barbeau est oblong, il s'élève légèrement de la tête à la nageoire dorsale pour s'abaisser ensuite dans la région caudale. A la

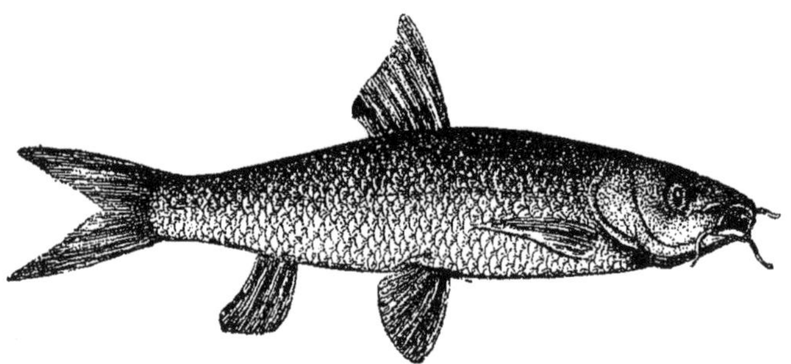

Fig. 27. — Le Barbeau.

mâchoire supérieure, il porte quatre barbillons, qui lui ont donné son nom. Ses couleurs sont vives. Il est brun sur le dos ; les flancs, à reflets d'argent et d'or, sont parsemés de petites taches noirâtres ; le ventre est blanc.

On trouve le barbeau dans toutes les rivières

de l'Europe centrale et méridionale; il se plaît surtout dans les eaux vives, à fond de gravier, abondamment pourvues d'herbes aquatiques. Il vit en société et se nourrit de larves, d'insectes et de vers. Il grandit rapidement et atteint une longueur de 1 mètre, avec un poids de 6 à 7 kilogrammes. La chair est blanche et savoureuse.

Les femelles ne sont pas très fécondes et produisent en moyenne environ 10,000 œufs de la grosseur d'un grain de millet. Ils sont de couleur orangée, s'attachant aux pierres, et on leur attribue des propriétés vénéneuses. Elles ne fraient ni dans les étangs ni dans les eaux tranquilles, mais dans les eaux vives et courantes.

LE GOUJON

Cyprinus gobio. — The Gudjeon, Grayling. — Die Grundel, Kressling.

Ce petit poisson se rencontre dans toutes les rivières d'Europe. Par ses formes et ses habitudes, il se rapproche du barbeau : comme lui, il vit en société, aime les eaux vives et les fonds de gravier, et colle ses œufs contre des pierres. Mais sa taille ne dépasse pas $0^m,10$.

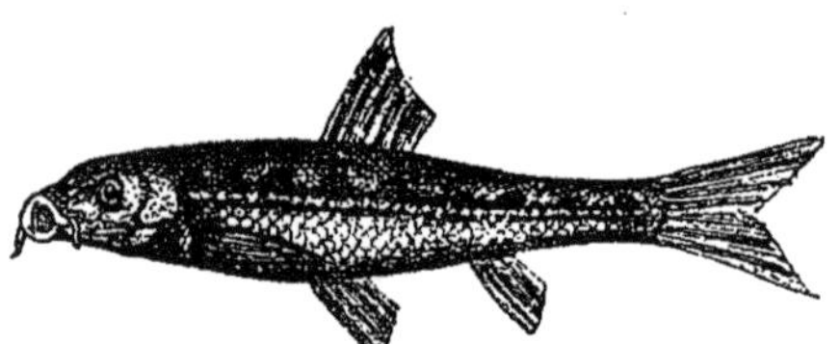

Fig. 28. — Le Goujon.

Au printemps, le goujon remonte les cours d'eau, pour frayer pendant les mois d'avril, de mai et de juin. Il voyage en troupes nombreuses, et sa ponte se prolonge souvent pendant un mois. Il se nourrit de végétaux, de vers et de larves d'insectes. La délicatesse de sa chair le fait rechercher pour la consommation.

LA LOCHE FRANCHE

Cobitis barbatula. — The Loach. — Die Bartgrundel, Schmerle.

La loche a la tête très petite et le corps allongé; ses lèvres sont épaisses et ses mâchoires dépourvues de dents, mais garnies de six barbillons. Sa

Fig. 29. — La Loche franche.

couleur est généralement d'un brun verdâtre, plus ou moins foncé, marbré de taches noires. Le ventre est blanc jaunâtre.

Elle est répandue dans toutes les eaux de l'Europe, et sa taille dépasse rarement $0^m,12$. Elle fraie en mars et avril, et dépose ses nombreux œufs sur des pierres et du gravier, dans l'eau courante. Elle se nourrit d'insectes, de vers et quelquefois d'œufs de poissons, qu'elle rencontre en fouillant le sable.

En Allemagne, on favorise la reproduction de la loche de la manière suivante : au milieu d'un ruisseau d'eau vive, à fond de cailloux, on creuse

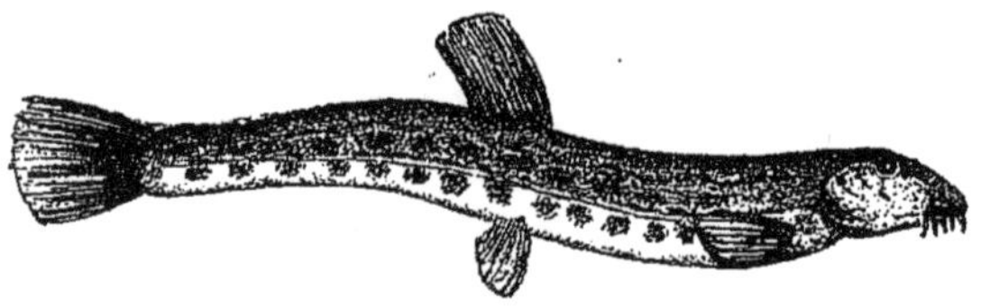

Fig. 30. — La Loche de rivière.

une fosse de 2m, 50 de longueur et de moitié de profondeur et de largeur. On la garnit latéralement, à une distance de 0m,20 des bords, avec des claies ou des planches percées de trous, qui

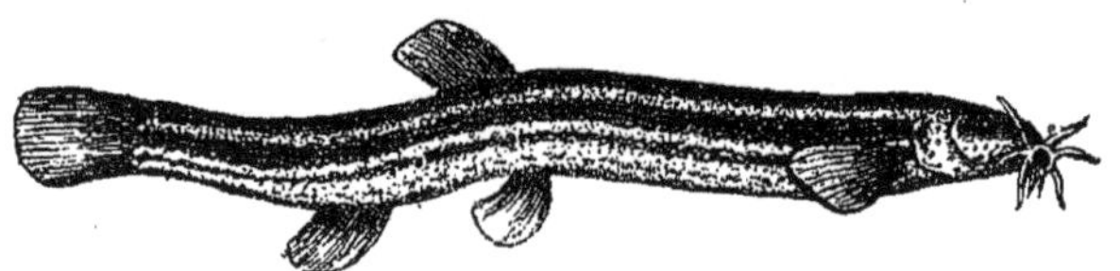

Fig. 31. — La Loche des étangs.

forment une caisse sans fond. Dans le vide qui se trouve entre les bords et les parois de cette caisse, on tasse du fumier de mouton. Il s'y développe une grande quantité de nourriture vivante, qui engraisse la loche et la porte à se multiplier.

On distingue en France deux espèces de loches.

La loche franche, dont la chair est très délicate et fort recherchée, et la loche de rivière (fig. 30) (loche épineuse ou mord-pierre), qui fraie en avril et en mai, et dont la chair n'a pas de valeur. Cette dernière est plus rare dans nos eaux que la loche franche. On distingue encore une loche des étangs (fig. 31).

LA TANCHE

Cyprinus tinca. — The Tench. — Die Schleihe.

La tanche a le corps élevé et comprimé latéralement, ses écailles sont très petites. La bouche est peu développée et munie de deux barbillons. Sa robe est sombre, brune, dorée, avec les reflets métalliques du bronze; les écailles sont engagées sous la peau de plus de la moitié de leur surface. Le corps est enduit d'une mucosité visqueuse, sécrétée par un grand nombre de pores disséminés sur la tête et sur le tronc.

Ce poisson se rencontre dans toute l'Europe. Il habite les eaux courantes, mais il se plaît surtout dans les lacs et dans les étangs dont le fond est vaseux et couvert de végétations. Il se nourrit de substances végétales, d'insectes et de petits mollusques. Sa croissance est rapide. Agé d'un an, il pèse 125 grammes; à l'âge de 3 ans, il pèse 1,000 à 1,500 grammes. A 6 ou 7 ans il atteint le poids de 3 à 4 kilogrammes. Comme la carpe, la tanche a la vie dure. Elle se conserve dans des milieux où tout autre poisson trouverait la mort; elle peut vivre hors de l'eau pendant plusieurs jours, si l'on a soin de lui humecter les branchies toutes les 3 à 4 heures. La chair de la tanche est estimée. Mais avant de livrer ce poisson à la consommation, il faut le faire séjourner, pendant

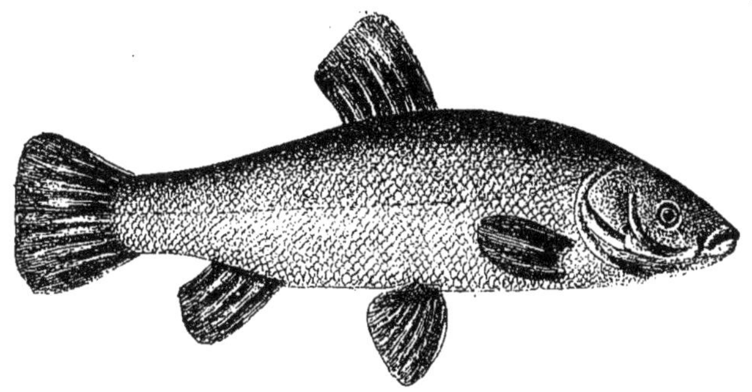

Fig. 32. — La Tanche.

quelque temps, dans des eaux vives, pour lui faire perdre un goût désagréable de vase, qu'il contracte dans les étangs.

La tanche est très prolifique. Elle fraie depuis la fin du mois de mai jusqu'au milieu du mois de juillet, et dépose ses nombreux œufs sur les herbes aquatiques qui garnissent les berges des cours d'eau. On l'élève dans les étangs à carpes, pour servir de pâture aux brochets, qui la pourchassent avec ardeur. Dans les étangs trop vaseux pour que la carpe puisse y prospérer, la tanche peut rendre de belles récoltes, surtout si on empêche l'excès de peuplement, en y ajoutant quelques anguilles. La tanche cependant est moins productive que la carpe, et on dit qu'il faut plus de terrain pour nourrir 100 tanches que pour engraisser 500 carpes.

LE NASE

Chondrostoma nasus. — *Oessling* (all.). — *Savelta* (ital.).

Ce poisson, très commun dans le Rhin et dans ses affluents, s'est propagé depuis quelques années dans le bassin de la Seine, où il a immigré par

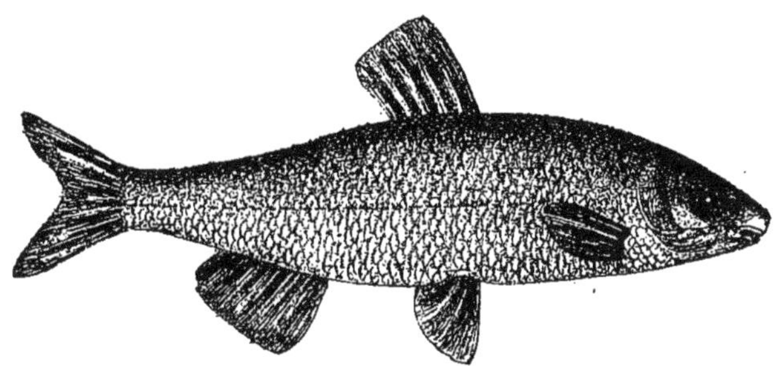

Fig. 33. — Le Nase.

suite de l'ouverture du canal de la Marne au Rhin. On en rencontre une variété dans le Rhône; d'autres dans le Lot, l'Aude et la Garonne.

Le nase a le corps allongé et des formes élégantes. Le dos est d'un gris verdâtre foncé. Les flancs, argentés chez les jeunes et dorés chez les adultes, sont mouchetés de petites taches brunes. Il n'atteint que des dimensions médiocres. Le nase se nourrit de petites proies vivantes, et remonte les cours d'eau, pour frayer, en avril et en mai. Sa chair est cotonneuse et de peu de valeur.

LE VÉRON

Cyprinus phoxinus. — The Minnow, Pink. — Die Ellritze, Pfrill.

Ce joli petit poisson se rencontre dans les mêmes eaux que le goujon. Il a le corps allongé, arrondi et couvert d'écailles très petites. Les couleurs de sa robe sont des plus brillantes. La partie supé-

Fig. 34. — Le Véron.

rieure du corps est verte, les flancs sont plus clairs et parsemés de taches foncées; le ventre est argenté. Au moment de la fraie, les parties inférieures du corps, la gorge et la base des nageoires se colorent d'un rouge vif. Rarement il atteint une longueur de $0^{m},10$.

Le véron est prolifique et fraie sur des fonds de gravier, dans l'eau courante, pendant les mois de mai et de juin. Il grandit lentement. Les truites, les perches et les brochets le chassent avec passion, et les gourmets apprécient sa chair blanche et savoureuse. Il se nourrit de petites proies vivantes, d'insectes et surtout d'œufs de poissons, mais ne mange que pendant le jour.

XI

FAMILLE DES STURONIENS

L'ESTURGEON

Acipenser sturio. — The Sturgeon. — Der Stoer.

Les esturgeons sont des poissons de grande taille, qui vivent dans la mer aussi bien que dans l'eau douce. Leur corps est allongé et diminue graduellement de largeur de la tête à la queue; il est couvert de cinq rangées de plaques osseuses, qui remplacent les écailles. Chacune de ces plaques porte à son centre une épine, dirigée en arrière. La tête est large à la base et va en se rétrécissant vers l'extrémité antérieure. Le museau est allongé. La bouche est large et elliptique, garnie de barbillons sous la mâchoire inférieure. La couleur de la robe est terne; verdâtre sur le dos, elle se dégrade jusqu'au ventre, qui est blanc d'argent.

Ce poisson est commun dans le nord et surtout dans l'est de l'Europe. Il est devenu rare dans le Rhin, ainsi que dans la Garonne, la Loire et le Rhône, où autrefois il était abondant. Il ne remonte pas dans les petits affluents des fleuves et n'en quitte pas les parties profondes. L'esturgeon se nourrit de plantes et de proies vivantes. Sa chair est excellente; fumée ou salée, elle s'expédie au loin. Il atteint des dimensions considérables : on en pêche qui mesurent de 5 à 6 mètres de longueur et qui pèsent jusqu'à 300 kilogrammes. Il fraie dans l'eau douce pendant les mois d'avril et de mai. Une seule femelle peut fournir jusqu'à 100 kilogrammes d'œufs, dont on fait le *caviar*. La vessie fournit la colle de poisson. Pour les populations de la Russie orientale, la pêche de l'esturgeon est la base d'un commerce important.

La famille des esturgeons comprend plusieurs espèces remarquables, dont aucune ne se rencontre en France. Nous citerons les sterlets, les hausen, et ceux qu'on appelle Dick et Scherg, dans les provinces allemandes de l'Autriche-Hongrie.

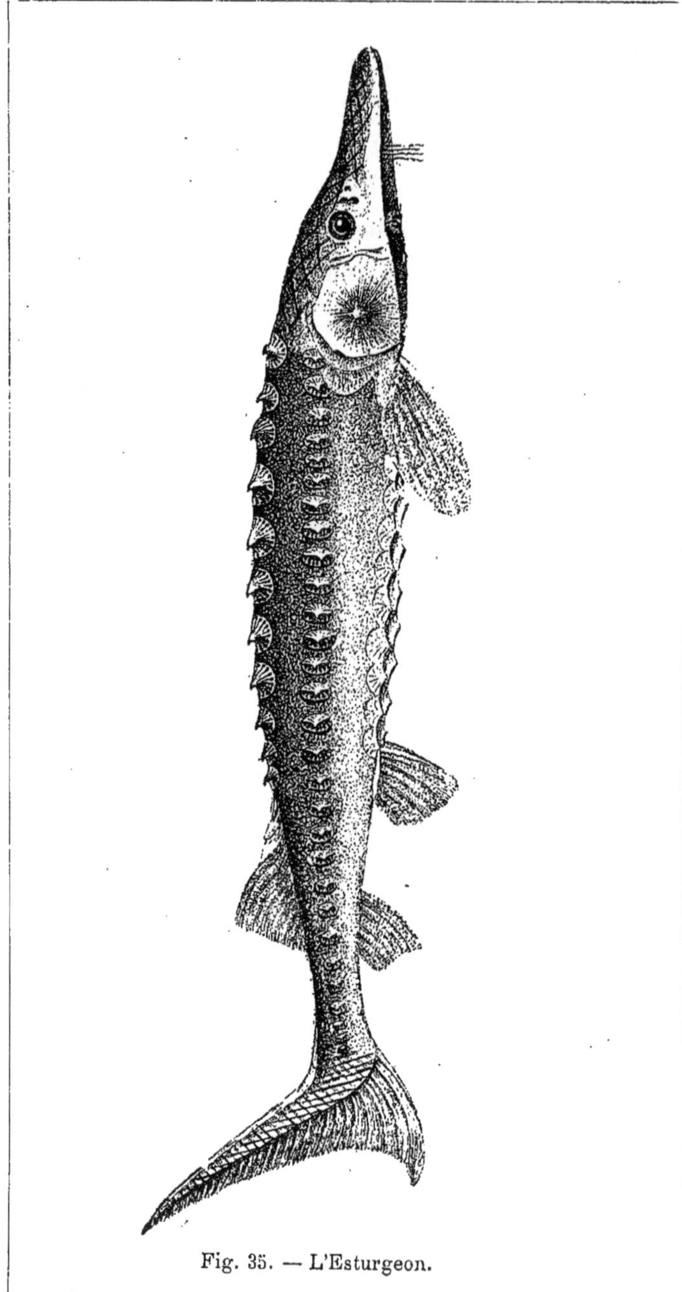

Fig. 35. — L'Esturgeon.

XII

FAMILLE DES PÉTROMIZONIDES

LA LAMPROIE

Petromizon fluviatilis. — The Lamprey. — Das Neunauge.

La lamproie se rencontre dans presque tous les cours d'eau de l'Europe. Elle ressemble aux anguilles par la forme allongée et cylindrique de son corps. Sa bouche est circulaire, en forme de suçoir. La mâchoire inférieure est garnie de sept denticules, petits, pointus, et recouverts d'une matière cornée brunâtre. La mâchoire supérieure est armée d'une plaque à bord tranchant, munie d'un crochet de chaque côté. Le squelette est cartilagineux.

Ce poisson est migrateur. Il remonte de la mer pour frayer dans les eaux douces, depuis le mois d'avril jusqu'au mois de juin. Il dépose ses œufs sur le gravier, et on croit qu'il meurt après la ponte. On distingue trois espèces de lamproies. L'une, qualifiée de *marine* et appelée *grande lamproie*, atteint 1 mètre de longueur et un poids de 1,500 grammes. On la trouve dans le Rhône,

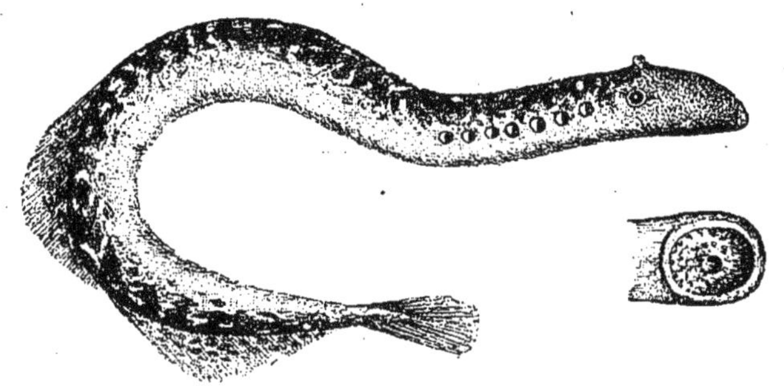

Fig. 36. — La Lamproie marine.

l'Hérault, la Garonne, la Loire et la Seine. L'espèce dite *fluviatile* n'atteint que la moitié des dimensions de l'espèce marine. La troisième, plus

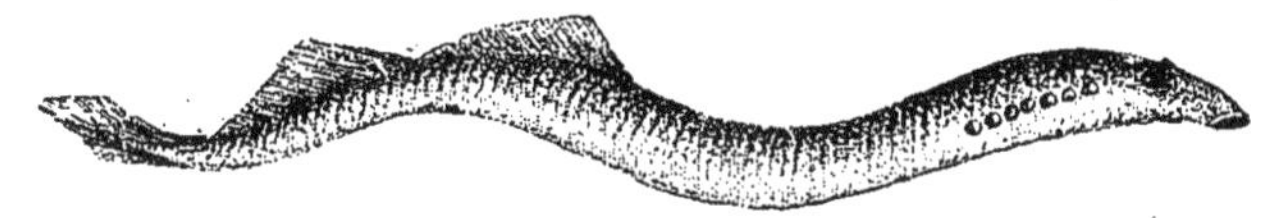

Fig. 36 *bis*. — Le Lamproyon.

petite encore, et désignée sous le nom de *sept-œil* ou de *lamproyon* (fig. 36 bis), se rencontre dans toutes les eaux d'Europe. Elle se tient presque toujours cachée dans le sable, sous les herbes et sous les pierres. Elle subit des métamorphoses : à l'état de larve, on l'appelle *ammocète*. Il est probable que les autres espèces subissent des métamorphoses analogues.

Les lamproies s'attachent aux pierres avec leurs suçoirs, et laissent leur corps flotter au gré de l'eau. Elles se fixent sur le tronc des gros poissons, dont elles déchirent la chair et sucent le sang. Pour les transporter vivantes, on les fait se fixer par la bouche contre une barre de bois, et on les place ainsi dans un cuveau rempli d'eau, dont on a soin de maintenir la fraîcheur et l'aération.

En captivité, dans un réservoir, les lamproies peuvent vivre fort longtemps.

XIII

CRUSTACÉS

L'ÉCREVISSE

Astacus fluviatilis. — *The Crawfish.* — *Der Krebs.*

Bien que l'écrevisse soit un crustacé et n'appartienne pas au même embranchement que les poissons, elle joue un rôle trop considérable dans nos cours d'eau, pour qu'on la puisse passer sous silence.

Partout où les poissons peuvent vivre, on rencontre l'écrevisse. Elle aime à s'abriter sous les pierres, derrière des racines d'arbres et dans les creux des rives, ne quittant sa demeure que pour aller chercher sa pâture. A cet effet, elle sort vers le soir et pendant la nuit, et parcourt les endroits de peu de profondeur, près des bords.

Les écrevisses se nourrissent de substances animales et végétales. Quand elles ne trouvent pas de chair à dévorer, vers, grenouilles, petits poissons ou rebuts de boucheries, elles s'accommodent de choux et de navets. Bien nourries, certaines espèces peuvent atteindre une longueur de 15 à 18 centimètres. Elles croissent lentement, et il leur faut quatre ans pour atteindre des dimensions marchandes.

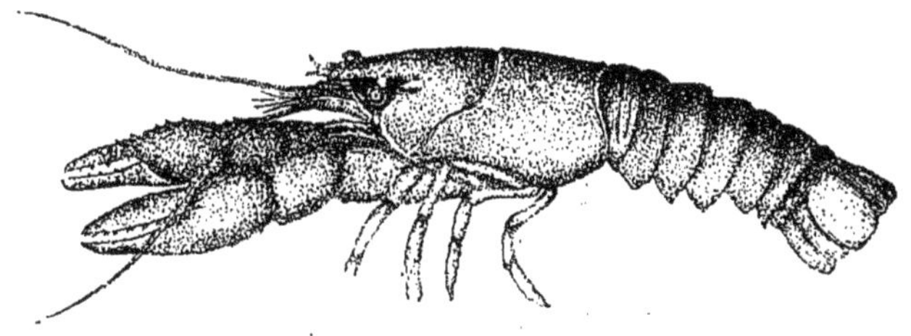

Fig. 37. — L'Écrevisse.

L'époque de la fraie commence avec l'automne. A la fin d'octobre et au commencement de novembre, des œufs apparaissent sous la queue. L'accouplement a lieu, pendant la nuit, par une opération semblable à celle que pratiquent les poissons. Les œufs restent adhérents sous la queue de la femelle, ordinairement au nombre de 150 à 200. Ils éclosent au mois d'avril. Après l'éclosion, la mère continue à porter les jeunes écrevisses sous sa queue pendant 8 à 15 jours. Durant tout ce temps elle ne quitte pas son repaire. Ce n'est que lorsque tous ses petits l'ont volontairement abandonnée, qu'elle en sort pour chercher sa nourriture. Peu de temps après, elle change de test.

Ce changement de test, ou *mue*, a lieu du 15 juin au 15 juillet. Pendant toute cette opération, les écrevisses ne sortent pas de leurs trous, jusqu'à ce que leur enveloppe ait repris de la consistance. Les mâles muent un mois plus tôt que les femelles.

On distingue en France quatre espèces d'écrevisses :

L'écrevisse dite noble, à pattes rouges, et l'écrevisse bleue, atteignent de grandes dimensions et sont fort recherchées pour le service des cuisines. Elles fréquentent les eaux claires, calcaires, et aiment la chaleur. L'écrevisse à pattes blanches ou écrevisse d'égout, est peu recherchée et vit dans les eaux stagnantes et marécageuses. Sa taille est inférieure à celle des précédentes et sa chair est moins fournie et moins ferme. Enfin, l'écrevisse noire, de petite taille, affectionne les eaux siliceuses et froides. Quoiqu'elle ait peu de chair, son goût est excellent. Son test est très résistant, ce qui fait d'elle un adversaire redoutable pour les autres espèces, qu'elle dévore partout où elle les rencontre.

L'écrevisse assainit les rivières et les étangs, en faisant disparaître les matières putrescibles qui pourraient infecter les eaux. Sous ce rapport, elle remplit un rôle très utile. Mais comme elle dévore les œufs des poissons et s'attaque à leur fretin, il faut, autant que possible, l'éloigner des endroits qui sont réservés pour la reproduction.

DEUXIÈME PARTIE

LA PISCICULTURE

LA PISCICULTURE

La pisciculture a pour objet la multiplication des espèces de poissons les plus utiles. Elle s'occupe aussi de les introduire, de les propager et de les faire prospérer dans les eaux où elles n'existaient pas auparavant.

Pour atteindre ce but, on emploie des procédés divers. On pratique :

1° La colonisation des eaux, par l'introduction de poissons adultes, capables de se reproduire ;

2° L'élevage dans des étangs ou dans des eaux fermées;

3° La récolte du frai, que les poissons déposent naturellement, son transport et son introduction dans les eaux qu'on veut peupler;

4° L'appropriation des cours d'eau aux convenances de certaines espèces, par l'organisation de frayères et de refuges, par l'extermination des espèces nuisibles et par l'établissement d'échelles et de réserves;

5° La pisciculture artificielle, qui fait intervenir l'homme dans la fécondation des œufs, ainsi que dans leur incubation, pour les protéger et faciliter leur éclosion, et ensuite, pour abriter les jeunes poissons et leur donner les premiers soins;

6° La destruction des animaux ichtyophages.

I

LA COLONISATION

Depuis un temps immémorial, on a pratiqué la transplantation des poissons d'un cours d'eau dans un autre, afin de les y acclimater et d'enrichir la faune d'espèces nouvelles. C'est par ce moyen que la carpe, originaire de la Perse et de l'Asie Mineure, a été propagée dans toutes les rivières de l'Europe, que le poisson doré nous est arrivé de la Chine, et que le gourami a été importé à l'île de Bourbon et en Australie. Il y a plus de cent ans, on a, de cette façon, introduit l'alose dans des rivières de l'Amérique du Nord, où elle n'existait pas auparavant.

Il faut être très prudent dans le choix des espèces nouvelles à introduire dans des eaux libres, qu'on ne saurait ni pêcher complètement à fond, ni mettre à sec. On peut, dans beaucoup de cas faire plus de mal que de bien. C'est ainsi qu'il serait dangereux d'acclimater le brochet dans des eaux peuplées de truites ou d'ombres communs, parce que ce poisson, si vorace, détruirait des espèces plus précieuses que lui. Le brochet empêche aussi les carpes de se reproduire : cela peut être avantageux dans un étang, mais non dans les canaux et les rivières. On a tenté d'acclimater le silure en France. Heureusement, cette tentative n'a pas réussi, car ce poisson est éminemment destructeur, et sa chair est de qualité médiocre. Quelque part qu'il se rencontre, il ne pourra qu'être nuisible, et doit être exterminé par tous les moyens.

Malgré sa valeur, au point de vue de la consommation, la perche ne doit être propagée qu'avec précaution. Le professeur Baird [1] rapporte qu'en 1854, M. W. Shriver a placé dans la rivière du Potomac, en Amérique, un certain nombre de perches prêtes à frayer. Au bout de quelques années ce poisson pullulait dans la rivière, où il ne se rencontrait pas auparavant. Mais ce ne fut qu'aux dépens des innombrables essaims de cyprins et d'écrevisses qui la peuplaient antérieurement, et qui, jusqu'alors n'avaient eu pour ennemi que le brochet. Aujourd'hui, que cette population primitive a considérablement diminué, les perches sont devenues plus rares. Privées

1. Baird, *Rapport*, 1874, II.

d'une alimentation surabondante, elles sont réduites à dévorer leur propre frai. Il s'est établi une espèce d'équilibre, analogue à celui qui existe dans les rivières peuplées de perches depuis longtemps. Le résultat final a été une diminution du produit de la pêche. En France, les perches ont dépeuplé les lacs des Vosges. Dans celui du Bourget, elles portent préjudice à la propagation du lavaret, dont elles dévorent le frai et les jeunes rejetons. Quand elles sont trop nombreuses dans les étangs, on dit qu'elles les *brûlent*.

Veut-on introduire dans des eaux peuplées d'espèces précieuses des poissons de qualité inférieure, qui doivent servir de nourriture aux premières, on ne saurait prendre assez de précautions. Dans les étangs à truites, les tanches sont nuisibles, parce qu'elles leur enlèvent de la nourriture : elles consomment les vers et les insectes que les truites préfèrent comme aliment. Si mignon qu'il soit, le véron nuit à leur propagation en en dévorant le frai. M. Francis[1] rapporte que des eaux à truites ont été complètement dépeuplées par l'introduction de ce petit poisson.

Lors donc qu'on veut introduire dans les rivières des espèces nouvelles, il faut en étudier les mœurs, et les choisir de telle façon qu'elles ne puissent nuire à celles qui sont indigènes ; surtout si le produit de la pêche est satisfaisant, tant

1. FRANCIS, *Fishculture*.

au point de vue de la quantité que de la qualité. Il est évident, d'ailleurs, qu'on ne saurait coloniser avec succès des cours d'eau dont la nature, la température ou le fond ne conviendraient pas aux espèces à introduire.

II

LES ÉTANGS

On nomme *étang* un bassin d'eau qui peut être rempli et vidé à volonté. Les lacs sont des bassins qui ne peuvent pas être mis à sec.

L'établissement des étangs remonte à une haute antiquité. Les Chinois en ont fait usage de tout temps [1]. Presque tous les anciens temples hindous en étaient pourvus. Le lac Moëris, en Égypte, n'était qu'un vaste étang utilisé, à la fois, pour la pêche et pour l'irrigation. La Bible parle des étangs de Hésebon; de l'étang supérieur, établi par Salomon pour l'usage de la maison royale, et de l'étang inférieur, servant aux habitants de Jérusalem. Elle cite encore l'étang situé près de la montagne de Sion, ainsi que ceux de Siloë, d'Hiskiae, de Betherda, de Samarie et de Gibéon. Les Romains se livraient avec passion à l'élève

1. MENG-TSEU, Livre Ier, I, 3, et livre II, III, 2.

des poissons. Caton l'Ancien possédait des viviers et des réservoirs pour approvisionner les marchés de l'Italie ancienne. Après lui, Hortensius, Lucullus et César établirent des étangs; ils se multiplièrent sous les empereurs. Au moyen âge, les étangs se sont répandus dans toute la chrétienté, par suite de la sévérité des jeûnes, du nombre et de la richesse des couvents.

Depuis la fin du XVIIIe siècle, le nombre des étangs a considérablement diminué. En France, il existe aujourd'hui environ 208,000 hectares d'étangs d'eau douce, non compris les rivières et les lacs. En Sologne, entre le Loir et le Cher, on compte 1,370 étangs avec une surface de 17,000 hectares. Dans la Dombe et la Bresse (Ain), il en existe 1,667, couvrant une étendue de 20,000 hectares. La Brenne, dans l'Indre, compte 95 étangs, occupant 7,000 hectares. Puis viennent le Jura, Saône-et-Loire, l'Allier, la Nièvre, le Lot, Maine-et-Loire, la Marne, les Vosges, etc.

C'est en Autriche, et en Bohême surtout, que la culture des étangs se pratique sur une vaste échelle. Le seul domaine de Wittingau comprend 250 étangs, d'une superficie totale de 5,500 hectares, qui sont exploités régulièrement depuis 600 ans. D'après Krafft[1], la Bohême possédait autrefois 22,140 étangs, occupant 42,000 hectares de terrains, réduits aujourd'hui au tiers.

1. Karl Krafft, *Situation de la pêche en Autriche.*

L'Allemagne septentrionale possède également un très grand nombre d'étangs, répandus surtout dans les provinces limitrophes de la mer Baltique et de la mer du Nord. Le domaine de Peitz-Cottbus renferme 82 étangs, d'une superficie totale de 1,500 hectares. Il produit en moyenne 100,000 kilogrammes de carpes marchandes par an, soit un rendement d'environ 90 francs par hectare.

1° — ÉTABLISSEMENT D'UN ÉTANG

La valeur d'un étang dépend de la quantité et de la qualité des eaux qui l'alimentent, ainsi que de la nature du sol sur lequel on l'établit. Si la quantité d'eau dont on dispose est suffisante, il faut en examiner la température, la pureté et la composition chimique, qui doivent répondre aux convenances des espèces qu'on veut élever. Il est indispensable, dans tous les cas, que l'eau soit suffisamment aérée pour fournir aux poissons l'oxygène nécessaire à leur respiration. De la nature du sol dépendent les herbes aquatiques qui végéteront dans l'eau, serviront elles-mêmes de pâture aux poissons, ou produiront les insectes et autres animalcules nécessaires à leur nourriture. Eau et sol doivent donc avant tout être étudiés et analysés.

L'eau de rivière est généralement préférable à l'eau de source pour alimenter un étang : elle est plus aérée et renferme plus de substances nutritives. Un fond sablonneux produit peu de nourriture pour les poissons, mais elle est excellente; une marne saturée d'humus est très bonne; la tourbe même est utilisable, pendant que l'argile compacte et les fonds pierreux donnent le plus souvent de mauvais résultats.

Pour qu'un étang reste étanche et conserve

Fig. 38. — Vue d'un étang.

son eau, il faut que le sous-sol soit imperméable. Le terrain qui jouit de cette qualité est souvent appelé *terre à bois,* parce que les forêts y prospèrent plus que les autres cultures. Dans l'Ain, le Jura et dans Saône-et-Loire, on l'appelle *terre blanche*. C'est la *bolbine* du Midi ; le gault et souvent le diluvium, pour les géologues.

Lorsqu'une partie du sol n'est pas imperméable,

on peut l'étancher au moyen d'un corroi de terre végétale imbibée de lait de chaux. On l'étend par couches, on le dame fortement et on l'égalise en le comprimant au rouleau. On recouvre le corroi d'une couche de terre, afin de le protéger et de permettre à la végétation de s'y propager. Pour supprimer les fuites d'eau, il suffit quelquefois d'étendre sur le sol perméable une couche de cendres de houille, ou d'y répandre des résidus de tanneries, qui viennent obstruer les trous ou *renards* qui se produisent.

Très souvent, on met les étangs à sec, pour les cultiver pendant une année ou deux. L'agriculture profite ainsi de l'engraissement naturel du sol, résultant du séjour de l'eau et des poissons. L'étang lui-même s'assainit et devient plus fécond en produits vivants. Selon la nature du terrain, on y peut faire des récoltes très variées : herbes et foins, froment, maïs, avoine et orge y réussissent. Le meilleur sol consiste en marne terreuse imperméable, dont la partie supérieure se charge de vase et d'humus pendant l'empoissonnage. Après deux ans, il est assez engraissé pour fournir quatre récoltes, successives et alternes, de maïs et de froment. Ce sol se rencontre dans les étangs de la Brenne.

Un bon étang doit pouvoir s'alimenter à volonté, et sa situation topographique se trouver telle, qu'il ne puisse pas plus être atteint par les sécheresses que par les inondations des grands cours d'eau. Creuser une cuvette, pour y établir un bassin de retenue d'eau de quelque importance, serait une opération trop coûteuse aujourd'hui pour être tentée dans le but de créer un étang de rapport. On profite habituellement d'une dépression naturelle du sol, ou d'une vallée, qu'on barre au moyen d'une levée, établie au point le plus bas. Lorsque la vallée présente une pente très accusée, on y construit plusieurs barrages successifs, plutôt que d'élever à l'extrémité inférieure un ouvrage d'une grande hauteur. On obtient ainsi plusieurs étangs juxtaposés, où la pêche est plus facile pendant qu'ils sont en eau, et qui peuvent servir à des usages différents, comme il sera dit plus loin.

La digue doit s'élever à au moins $0^{m},50$ au-dessus du niveau de l'étang, quand il est plein. Elle sera toujours fondée solidement sur un sol imperméable, soit naturel, soit artificiel. Sa base aura une largeur triple au moins de la hauteur, égalée elle-même par la largeur de la chaussée qui couronne la digue. Du côté de l'eau, le talus aura 3 de base pour 1 de hauteur; du côté extérieur, il aura de 1 à 1 1/2 de base pour 1 de hauteur. Quant les talus intérieurs sont exposés au choc des vagues poussées par le vent, on les protège soit au moyen d'une couche de roseaux fixés par des clayonnages, soit avec des perrés en pierres sèches, soit encore avec un revêtement de mottes de gazon. Des plantations de saules nains peuvent procurer une couverture des plus efficaces contre les érosions. La digue doit être munie d'un déversoir solide, qui puisse débiter toutes les accrues exceptionnelles. Le déversoir est surmonté d'une grille en bois ou en fer galvanisé, pour empêcher la fuite des poissons.

Ordinairement on construit la digue avec les matériaux qu'on a sous la main. Le nivellement du terrain, le creusement des fossés d'aménagement et l'approfondissement spécial, appelé *la poêle,* fournissent une grande partie des terres nécessaires.

La poêle ou *pêcherie* est un approfondissement particulier de l'étang; on l'établit près de la bonde de décharge. C'est dans ce creux que les poissons viennent se rassembler quand on soutire les eaux; c'est là qu'on les pêche. A cet effet, on dispose le fond de l'étang de telle manière, qu'au moyen de fossés convergents, toutes les eaux puissent facilement affluer vers la poêle. Quand on veut pêcher l'étang, ces rigoles sont autant de chemins que suivent les poissons, pendant que le niveau de l'eau baisse, et qui les conduisent dans le réduit formé par l'approfondissement. Les fossés qui sillonnent le fond et dirigent les eaux vers la poêle et la bonde de vidange, favorisent aussi l'assèchement du sol, lorsqu'on doit le cultiver. Ils sont surtout avantageux quand le terrain est gras ou vaseux, et qu'à l'état humide, il est incapable de supporter le poids des bêtes de trait qui servent au labourage.

La poêle doit pouvoir être mise complètement à sec. Elle est revêtue de planches ou de perrés en pierres, et plafonnée solidement avec du sable, des planches ou des pavages. Elle doit être établie avec beaucoup de soins, et nettoyée à fond après chaque pêche. Sa largeur peut varier de 5 à 10 mètres, et sa profondeur doit dépasser de $0^{m},50$ à $0^{m},60$ celle du reste de l'étang. Une poêle de 10 ares de superficie suffit pour un étang de 25 hectares.

Pour pouvoir soutirer les eaux et vider l'étang, on place sous la digue un tuyau de conduite ou un canal en maçonnerie, qui, partant du point le plus bas de la poêle, débouche au dehors. Fermée par un vannage du côté de la poêle, ou bien au moyen d'un clapet étanche, cette conduite porte à sa surface supérieure un trou conique, le plus souvent circulaire, dont le diamètre inférieur est égal au sien et le diamètre supérieur un peu plus grand. C'est par cette ouverture que l'eau s'introduit dans le canal de décharge. On bouche ce trou ou *œil,* au moyen d'un pilon, bondon, ou bouchon de bois, taillé en tronc de cône, de manière à le remplir exactement. Le pilon se manœuvre au moyen d'une tige de bois ou de fer, qu'on peut soulever ou abaisser à l'aide d'un levier, d'une crémaillère, d'une vis, ou d'un treuil placé sur le terre-plein supérieur de la chaussée[1]. L'ensemble de l'appareil servant à faire écouler les eaux se nomme un *thou*. (Fig. 39.)

Quelquefois le thou tout entier se construit en

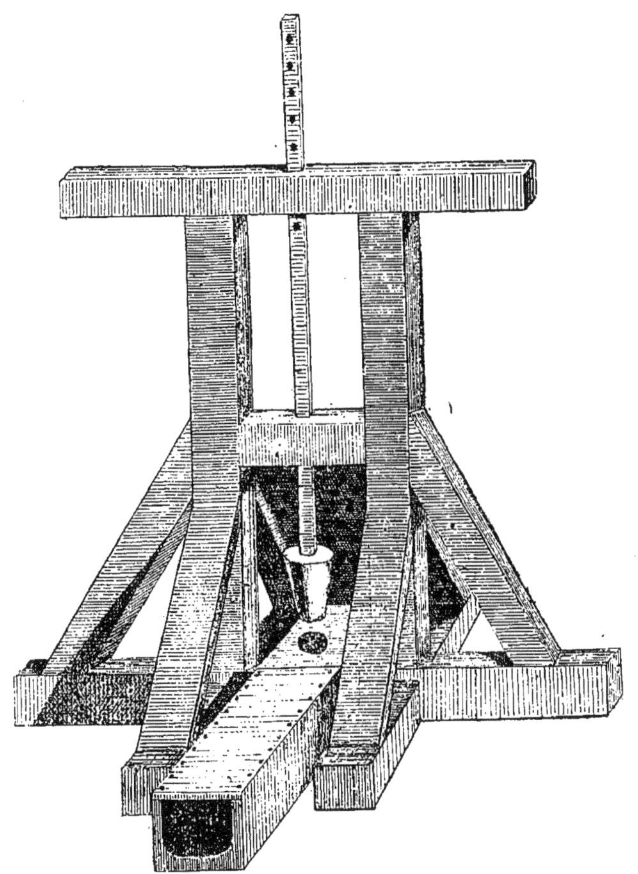

Fig. 39. — Thou en bois.

pierres. Dans l'intérieur de la levée, au-dessus de l'œil, on élève un puits en maçonnerie, à l'entour

1. *Maison rustique*, IV, page 187.

duquel les terres sont pilonnées avec soin. Ce puits, qu'on recouvre d'une dalle mobile, renferme le mécanisme qui sert à manœuvrer la bonde. Le diamètre des bondes ne doit pas dépasser 0^m, 50, pour que la manœuvre puisse s'opérer

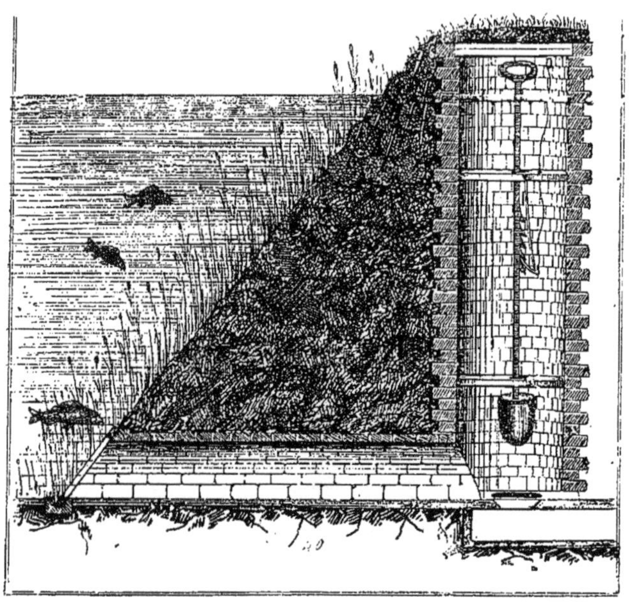

Fig. 40. — Thou en maçonnerie.

facilement. Si une seule bonde ne suffit pas pour évacuer les eaux, on en établit plusieurs. (Fig. 40.)

Il arrive aussi qu'on place au-dessus de l'œil un tuyau ou un puits, présentant une face ouverte, du côté de l'étang. Les parois de l'ouverture portent des rainures, dans lesquelles s'engagent des poutrelles ou des planchettes, qui peuvent la fermer complètement. L'enlèvement successif de ces planchettes et leur rétablissement, permettent de tendre ou d'abaisser à volonté le niveau de l'eau. Ce mécanisme présente l'avantage de se prêter à une surveillance plus facile que celle qui peut s'exercer sur les bondes : on peut nettoyer l'orifice à volonté, réparer les poutrelles et les remplacer au besoin. Lorsque les étangs sont traversés par de petits cours d'eau, il est facile de maintenir un niveau constant, en réglant le déversement qui se fait par-dessus la poutrelle supérieure.

Les bondes et leurs avenues doivent être protégées par une grille ou un treillage en bois ou en fil de fer galvanisé, pour éviter l'obstruction du canal de fuite et pour empêcher le poisson de s'échapper.

Au delà de l'orifice de sortie de l'eau, on pratique un petit bassin appelé *fosse,* dont l'issue doit être grillée. Elle a pour but de retenir le poisson qui aurait pu s'échapper, soit par suite d'un accident ou d'un défaut de la grille de bonde, soit par une ouverture résultant d'un tassement ou d'une disjonction des pièces qui composent le thou. La fosse doit toujours être alimentée d'eau. Lorsqu'il s'agit d'étangs de grande superficie, on la revêt de planches ou de pierres.

Il peut arriver que, par suite d'un accident, la bonde laisse échapper l'eau, alors que la saison ne permet pas de mettre l'étang à sec et d'exécuter les réparations nécessaires. Dans ce cas, on construit, en avant de l'issue, un batardeau s'élevant jusqu'au niveau de la retenue. L'eau du batardeau faisant équilibre à celle de l'étang, les fuites de la bonde sont supprimées. On appelle ce batardeau un *cul-de-lampe* [1].

Lorsque l'étang est marécageux, et que son sol ne se prête pas à l'établissement de la poêle, on élargit la fosse en forme de vivier dont on plancheye le fond, et on la ferme au moyen d'une grille et d'une vanne. Cet arrangement se nomme *tombereau*. Pour pêcher l'étang, on ouvre la bonde et on enlève sa grille : le poisson s'échappe avec l'eau qui remplit le tombereau. Puis on referme la bonde et on ouvre la vanne du tombereau, qu'on garnit d'un filet. On recueille le poisson et on recommence. On finit ainsi par vider et pêcher tout l'étang, au moyen d'une série d'éclusées successives.

Dispose-t-on d'assez d'eau d'alimentation pour qu'il soit facile, au printemps, de remplir complètement l'étang, il est utile de le laisser à sec après la pêche d'automne. On aère ainsi le sol, on fait périr les ennemis aquatiques des poissons, et l'opération ne laisse pas d'être avantageuse, même si le terrain ne doit pas être livré à l'exploitation agricole. Les étangs, au contraire, qui doivent leur alimentation exclusivement aux

1. DUHAMEL, *Traité général des Pêches*, I, 3e section.

eaux de pluie, doivent être remplis immédiatement après la vidange d'automne : ils récoltent pendant l'hiver des eaux d'égouttement renfermant beaucoup de substances nutritives, qui proviennent des champs ou des villages. Un printemps trop sec pourrait empêcher leur remplissage.

Lorsque l'étang reçoit un cours d'eau, il faut empêcher les poissons de s'échapper en remontant le courant. A cet effet, on en barre le lit avec des fascines superposées, ou bien, si la pente est suffisante, au moyen d'un mur en maçonnerie, assez élevé pour que les déserteurs ne puissent pas le franchir. A défaut d'un barrage, il faut au moins placer une grille en travers du ruisseau. Si ce dernier est sujet à de fortes crues, ou qu'il charrie du sable et de la vase, il est préférable de le dévier et de lui faire faire le tour de l'étang. L'eau d'alimentation nécessaire est alors approvisionnée par une prise d'eau spéciale, qui en régularise l'admission.

Quelquefois il se forme dans les étangs des touffes de joncs ou de roseaux, qu'on nomme *jonchères*. Elles grossissent de jour en jour, et forment des îles qui ont parfois assez de consistance pour supporter le poids d'un homme. Ce sont des retraites assurées pour les mulots, les rats d'eau et les loutres, qui dévorent les poissons, sans compter les hérons, canards, etc., qui profitent de ces refuges pour faire leur pêche. Pour détruire les roseaux et les joncs, on les faucarde plusieurs fois, pendant les mois de mai et de juin, au-dessous du niveau de l'eau, et on en brûle les racines quand l'étang est mis à sec. Il convient aussi d'enlever les touffes d'herbes flottantes, au moyen d'un bateau et avec des crocs, et de les transporter hors de l'étang avant qu'elles aient pris de la consistance. Si elles se sont accumulées, il faut profiter de la vidange pour débarrasser l'étang de ces îles ou *miternes*. Il peut arriver que le fond se soulève par suite de la fermentation des parties marécageuses, où des gaz se dégagent et viennent gonfler la vase. On y creuse des fossés qui facilitent le dégagement des gaz et permettent de ramener les détritus sur les bords de l'étang. Pendant l'assec, par un temps froid, on charge les surfaces soulevées avec une couche de sable, de $0^m,06$ à $0^m,10$ d'épaisseur. Son poids empêche le gonflement de la vase pendant les chaleurs subséquentes.

Il est avantageux que, même en hiver, l'alimentation des étangs soit assurée par de l'eau courante. Quand ils se couvrent de glace, on peut la briser pendant quelque temps, au moyen de simples manœuvres des vannes d'admission ou de la bonde, en relevant légèrement et abaissant alternativement le niveau. Quand la glace devient compacte et résistante, il faut y pratiquer des trous, dans le voisinage de la poêle, où les poissons hivernent, mais à une distance suffisante pour ne pas les déranger, ni les exposer à être pris à la foënne ou au trident.

Si un fort dégel arrive au moment où la glace est couverte de neige, et qu'il regèle pendant que la neige est fortement imbibée d'eau, les poissons se trouvent en péril. Faute d'aération, l'eau change de couleur et devient laiteuse, brune et jaunâtre. Les dytiques et les araignées d'eau viennent alors mourir à la surface des trous pratiqués dans la glace, où les poissons affaiblis se rassemblent pour humer l'air. Les écrevisses périssent les premières, puis c'est le tour des grenouilles; les poissons chasseurs viennent après, puis enfin, les carpes et les tanches. Pour parer au danger, il faut multiplier les trous d'aération; alimenter vigoureusement, si possible, avec de l'eau vive; procéder à des insufflations d'air, et, si ces moyens ne réussissent pas, procéder à une pêche de sauvetage.

Les poissons peuvent aussi courir de graves dangers pendant l'été, s'il arrive que par un temps chaud, le niveau baisse; que les vases se gonflent de gaz putrides, et que des végétations cryptogamiques se répandent dans l'eau, ce qui se présente surtout lorsque l'étang reçoit des égouttements de terres fumées et du purin. Les poissons viennent alors nager près de la surface, hument l'air et meurent. Si, dans ce cas, on ne veut pas procéder à une pêche de sauvetage, il faut que l'eau soit fournie en abondance pendant plusieurs jours, de façon à renouveler l'approvisionnement de l'étang dans le plus bref délai. Si par malheur le poisson périt, l'étang sera mis complètement à sec et livré à la culture le plus longtemps possible, afin de faire disparaître tous les germes d'infection.

2° — ÉTANGS A CARPES

De tous les poissons connus, c'est la carpe qui est le plus généralement élevée dans les étangs. Elle est cultivée depuis tant de siècles, qu'on est arrivé presque à la réduire à l'état domestique. La carpe croît rapidement pendant les quatre premières années, puis son développement diminue très sensiblement. Il est donc rationnel de ne pas lui faire dépasser cet âge, d'autant plus qu'à quatre ans elle atteint habituellement le poids de 2 kilogrammes, répondant à la plupart des besoins du marché. Dépasser ce poids reviendrait à se créer des difficultés pour la vente, tout en augmentant le prix de revient du kilogramme de marchandise.

L'élève de la carpe nécessite l'emploi de plusieurs étangs, fonctionnant chacun dans des conditions spéciales, en vue de résultats différents, qui concourent cependant tous au même but. D'après les fonctions qu'ils remplissent, on distingue quatre espèces d'étangs à carpes : les étangs à feuilles ou à pose, les étangs à empoissonnage, les étangs à carpes et les viviers d'hivernage.

A. — Étangs à feuilles.

Les étangs qui présentent des dispositions favorables à la fraie des carpes sont utilisés pour la production de carpillons qu'on nomme *feuilles* ou *pose*, parce qu'au bout d'un an ils atteignent la longueur et la forme d'une feuille de saule, et qu'à cet âge on les retire de leur lieu d'origine pour les déposer dans d'autres étangs où ils doivent grandir.

La profondeur des étangs à feuilles ne doit pas dépasser 1 mètre; les berges seront exposées au soleil, elles auront très peu de pente et seront couvertes d'herbes de peu de hauteur. L'exposition doit être chaude, afin que l'eau puisse acquérir le degré de température nécessaire pour permettre à la carpe de mûrir ses œufs et d'en opérer la ponte, et qu'ils puissent éclore dans des conditions favorables. La poêle doit être nette de végétation : les herbes y pourraient cacher et retenir des alevins au moment de la pêche. Le niveau sera maintenu invariable, surtout pendant la fraie, sans cela les œufs déposés sur les herbes, près des bords, seraient exposés à se dessécher et à périr.

Les reproducteurs sont placés dans l'étang dès le printemps, afin de se familiariser avec ses dispositions. Pour remplir ces fonctions, on choisit de belles carpes, du poids de 2 à 3 kilogrammes, à corps allongé et à robe brillante. Elles ne doivent pas servir plus d'une fois. Pour une surface de 75 ares, on choisit trois femelles et deux mâles adultes; on y ajoute un jeune mâle de 3 à 400 grammes, à titre d'excitateur. Il est facile de distinguer les mâles des femelles par la forme de l'anus, même en dehors de l'époque de la fraie. Les femelles ont l'anus convexe et gonflé vers l'extérieur, pendant que les mâles y présentent une concavité [1].

L'expérience prouve qu'un excès de mâles est nuisible, parce qu'ils fatiguent les femelles et peuvent les empêcher de frayer. D'un autre côté, si le nombre des mâles est trop restreint, et si l'on prend, par exemple, un mâle pour deux femelles, on obtient un excédent de carpes femelles, moins recherchées pour la consommation [2].

On compte sur un produit de 1,000 à 2,000 feuilles par femelle, mais c'est à condition que l'étang ne renferme ni anguilles, ni lottes, ni perches, ni brochets. Un brochet, dans un étang à feuilles, empêche les carpes de frayer et dévore le fretin de celles qui auraient pu lui échapper. Outre les poissons voraces, les carpillons ont une foule d'autres ennemis aquatiques : insectes, larves et crustacés, qui rendent indispensable l'assèchement complet de l'étang, chaque année, pendant plusieurs mois.

A l'époque de la fraie, la femelle est souvent

1. HORACK, *Culture des Étangs en Bohême*, 1869, p. 95.
2. *Ibidem*, p. 97.

poursuivie par plusieurs mâles, qui fouettent l'eau et la font bouillonner à l'entour. Ces jeux commencent pendant les premières heures de la matinée, entre sept et neuf heures, et se continuent jusqu'au moment de la ponte. La fonction s'accomplit quand la température de l'eau est suffisamment élevée. On admet que la carpe ne peut se reproduire dans de bonnes conditions que lorsque l'eau possède une température d'environ 20° centigrades. La ponte n'a pas lieu toute à la fois; elle se prolonge pendant plusieurs jours, et s'accomplit plus rapidement par un temps chaud que par la fraîcheur. Les œufs sont déposés sur des roseaux, des joncs, des herbes, voire des fagots de branches de bouleau, immergés près des berges, et ils y adhèrent. L'éclosion se produit au bout de 5 à 8 jours, selon la température.

Pendant la période de la reproduction, il faut éviter la dépaissance des bords par les bestiaux : ils troublent les carpes occupées à frayer, et détruisent les œufs en entrant dans l'eau. A ce moment, il convient de surveiller aussi les oiseaux pêcheurs et d'interdire l'accès de l'étang aux oiseaux de basse-cour qui fréquentent les eaux : ils se font grande fête de se gorger de frai. Si le niveau de l'étang tendait à baisser, il faudrait alimenter avec précaution. L'admission trop abondante de l'eau pourrait réduire la température, ou bien détacher les œufs suspendus aux herbes et les rejeter sur les berges. Dans ce cas, le frai serait exposé à périr, aussi bien que par l'assèchement des frayères.

A Wittingau, on pêche habituellement les étangs à feuilles pendant les journées couvertes du mois de mai. On vide l'étang très lentement, afin que les alevins ne restent pas retenus parmi les végétaux aquatiques. Le plus souvent, on ne pêche ces étangs qu'après deux étés, afin d'obtenir de la pose plus vigoureuse et qui puisse facilement traverser les herbes, pour se rendre dans la poêle. En Bohême, 100 carpes, âgées de 11 mois, pèsent de 400 à 500 grammes; après deux ans, le poids a un peu plus que doublé. Comme c'est en été que les carpes rencontrent le plus de nourriture et qu'elles mangent le plus volontiers, on compte habituellement leur âge par le nombre d'étés qu'elles ont vécu.

B. — Étangs à nourrain ou à empoissonnage.

Les feuilles sont placées dans des étangs spéciaux, où elles doivent grandir et développer leur squelette, sans se mettre beaucoup en chair. Ce sont les étangs à nourrain. La profondeur du bassin doit être plus grande que pour la production des feuilles, et peut atteindre $2^{m},50$ Les berges seront abruptes, pour empêcher les déprédations des oiseaux pêcheurs.

Dans ces étangs, lorsque toutes les conditions sont favorables, le poids du poisson peut, après un seul été, reproduire de cinquante à quatre-vingts fois celui de la pose. Quand on obtient trente à quarante fois ce poids, le résultat est encore jugé bon, car dans les conditions habituelles on n'obtient que de dix-huit à vingt fois le poids primitif. Dans les très bons étangs, on place, par hectare, de 600 à 800 feuilles; en moyenne, on en met de 400 à 600; dans de mauvaises conditions, on réduit encore ce nombre, et on en met de 100 à 400. Le peuplement peut être augmenté lorsque l'étang a été récemment établi ou cultivé pendant un an.

Lorsque du nourrain de brochet arrive à pénétrer dans ces étangs, il grandit très vite et peut atteindre le poids de 1 kilogramme en un an. Mais c'est aux dépens des jeunes carpes, qui sont dévorées. Il faut donc se garder d'alimenter les étangs avec des eaux qui peuvent y amener des brochetons, et, quand on n'en a pas d'autres à sa disposition, il faut les filtrer à travers du gravier. Quelquefois on y fait séjourner les carpillons pendant deux ans. Dans ce cas, on ajoute, avant l'hiver, de 15 à 20 kilogrammes de tanches adultes, pour chaque millier de feuilles. Au mois de mai suivant, on ajoute, pour le même nombre, de 16 à 20 brochetons de la grosseur du doigt. Ils atteindront, au moment de la pêche, le poids de 1 à 2 kilogrammes et détruiront surtout les rejetons des tanches.

Quand on pêche les étangs, on sépare la feuille

de la carpe de celle de la tanche. La première se vend au cent, la seconde au poids. Le cent de feuille d'empoissonnage dans l'Ain est de 80 paires ou de 160 têtes; dans la Brenne, on compte 70 paires; dans la Bresse seulement 64. Si l'on admet qu'on grossit le nombre pour tenir compte des pertes, elles seraient supérieures dans l'Ain à celles des autres contrées. Quand on dispose de peu d'étangs, comme dans le Forez, où les pêches à un an ont prévalu, on met avec un millier de feuilles par hectare, en moyenne 6 à 8 carpes du poids de 500 grammes chacune, des moins belles et des plus vieilles. Au bout de l'année, on a de l'empoissonnage de 200 à 250 grammes par tête, et une grande quantité de feuilles de pose. Les carpes se sont très bien refaites. On n'obtient pas de brochets; mais on n'a à acheter ni pose, ni empoissonnage.

C. — **Étangs à carpes marchandes.**

Des étangs à nourrain, l'empoissonnage est transporté dans les étangs à carpes proprement dits, où le poisson doit atteindre le poids marchand, soit 1 à 2 kilogrammes et davantage. En France, on l'y fait séjourner habituellement pendant deux étés; en Allemagne, pendant un été de plus. Ces étangs sont profonds et leurs berges sont abruptes.

En France, où la carpe croît plus vite que dans

le Nord, parce que son climat est plus doux, il faut 4 à 5 feuilles d'une année pour peser 50 grammes; après la seconde année, il en faut 3 à 4 pour obtenir 500 grammes, et on a l'empoissonnage. La troisième année, la carpe pèse en moyenne 500 grammes dans les pêches à un an; la quatrième, elle pèse 750 grammes dans les pêches à deux ans. Ces poids sont ceux des étangs médiocres de l'Ain. La carpe décuple donc de poids pendant la seconde année, quintuple la troisième, et augmente seulement de 50 pour 100 pendant la quatrième. Il y a donc avantage à exploiter à trois ans. Mais comme on met pour la pêche à deux ans moitié en sus de l'empoissonnage, cette dernière produit, en valeur, déduction faite de l'empoissonnage, autant que deux pêches à un an, et on ne fait qu'une seule fois les frais de pêche et d'empoissonnage. En outre, pendant la première année, la carpe prend de la taille et du volume; pendant la seconde, elle se met en chair et devient meilleure. D'ailleurs, les brochets de la deuxième année donnent un produit bien supérieur.

En moyenne, en France, on place 240 têtes d'empoissonnage par hectare de bons fonds; 160 sur les fonds médiocres et 130 sur les mauvais. On ajoute, par cent d'empoissonnage, 8 à 10 kilogrammes de tanches adultes et 10 brochets de 250 grammes. On préfère souvent attendre pour cela la fin de la première année. Si l'étang renferme peu de feuilles en automne, on met 10 brochets de 500 grammes par cent d'empoissonnage; si, au contraire, il en contient beaucoup, au lieu de 10 on en met de 15 à 30.

En Bohême, on laisse habituellement l'empoissonnage pendant trois ans, avant de le repêcher. Si l'étang reste en eau pendant plus de temps, on diminue le peuplement. Dans cette contrée, lorsque l'empoissonnage pèse de 250 à 500 grammes, on ajoute des brochetons de 100 à 120 grammes; pendant la seconde année, on les choisit du poids de 125 à 250 grammes. Les étangs y reçoivent la première année le tiers de leur peuplement total (la moitié après un assec) et le surplus à la seconde année. On compte 10 pour 100 de brochets et 5 pour 100 de sandres; s'il y a abondance de poisson blanc, on augmente le nombre des brochets. Dans le nord de l'Allemagne, on ne compte que 4 à 5 pour 100 de brochets.

Aux alevins de sandres on ajoute quelques adultes, du poids de 1 à 2 kilogrammes, qui fournissent de très beaux rejetons au bout de deux ou trois ans. Pour un étang de 20 hectares, on met 250 à 300 alevins de sandres, et 8 à 10 adultes, dont un tiers de mâles et deux tiers de femelles. Les sandres de trois ans atteignent un poids de 1,5 à 3 kilogrammes. Ni les sandres, ni les brochets ne proviennent d'étangs spéciaux; leurs alevins se récoltent dans les étangs à carpes, où ils se reproduisent.

Quand on ne tient pas à l'élevage spécial de la carpe, on augmente le nombre des sandres ; quelquefois on les remplace par des perches.

En France, lorsqu'un étang possède un bon fonds et qu'il a été peuplé d'empoissonnage vigoureux, on le pêche avec avantage au bout de deux ans, c'est-à-dire quand l'alevin y aura séjourné pendant deux étés. Il peut arriver, dans ce cas, que les carpes, au bout d'un an, se trouvent assez grosses pour être marchandes, surtout si l'empoissonnement a été précédé d'une année d'assec : une année d'assec et une année d'empoissonnement valent généralement deux étés. Quelquefois aussi on pêche au bout d'un an, parce que l'étang a besoin de réparations, ou qu'il s'y trouve de gros brochets qui détruiraient le peuplement. Enfin, quand l'alevin est trop petit, le poisson n'arrive à une bonne grosseur qu'au bout de trois ans. Dans ce cas, on ne met le brocheton que la seconde année.

Pour l'empoissonnage, la taille des poissons doit être la plus uniforme possible, car sans cela, carpes, brochets ou tanches, les grands enlèveront la nourriture aux petits. On obtient quelques belles pièces, et du reste, rien qui vaille.

Quelquefois on pêche à deux ans dans un seul étang. Au printemps de la première année, on place dans l'étang la moitié de l'empoissonnage ordinaire en carpes, dont deux tiers laitées et un tiers œuvées, et on ajoute 4 à 5 tanches de deux ans, par cent pièces d'empoissonnage. En automne, on éprouve à l'épervier. Suivant qu'il y a beaucoup ou peu de pose, on met 15, 30 et même 40 têtes de brochets de 500 grammes, par cent de carpes (80 paires). On obtient de beaux et bons brochets et les tanches disparaissent. Cette pêche est fort aléatoire, c'est pour cela qu'on l'a nommée *pêche folle.*

D. — Viviers d'hivernage et de vente.

Les viviers d'hivernage servent à conserver l'empoissonnage pendant la mise à sec de l'étang qui l'a produit. Le poisson n'y passe que la saison froide et n'a pas besoin d'y trouver de nourriture.

Ces étangs doivent être profonds, exempts de vase, et très abondamment alimentés. Ils peuvent recevoir par hectare 100 à 140,000 poissons, qu'on repêche au mois d'avril. Pendant l'hiver, ils ont perdu 2 à 3 pour 100 de leur poids. Après la pêche, on procède à un nettoyage à fond et on laisse à sec jusqu'en automne.

Pour les besoins de la vente, on tient les poissons dans des réservoirs maçonnés, où l'on a soin de loger ensemble les poissons de même espèce et de même taille. Le sol du réservoir destiné aux carpes sera en marne battue. On l'exécutera en sable pour le brochet et le sandre. Il aura une légère pente transversale pour pouvoir être complètement asséché. On nourrit les poissons voraces avec de la blanchaille, et les carpes avec de l'argile pétrie d'orge à moitié cuite, avec des pommes de terre et d'autres légumes passés à l'eau bouillante.

E. — Pêche des étangs à carpes.

La meilleure époque pour la pêche des étangs à carpes est la seconde moitié d'octobre, quand le temps est frais et qu'on n'a pas encore à redouter les grands froids, qui peuvent faire périr tout le peuplement d'une pêcherie, s'il y gèle à fond. L'eau évacuée pendant cette saison peut encore servir utilement à l'irrigation des prairies, et l'on n'a pas à craindre l'action du soleil sur la vase mise à découvert.

On commence par soutirer l'eau très lentement, en supprimant toute alimentation. Quelques jours avant la pêche, on ravive l'eau de la poêle et on y rabat le poisson le plus possible, en le chassant, au besoin, des fossés où l'eau séjourne encore, et où l'on promène, à cet effet, des filets traînants. Puis on entoure le poisson avec un vaste filet qui le rassemble dans le plus étroit espace possible. Ce filet est fixé à terre et maintenu debout, au moyen de piquets fichés dans le sol, de telle façon que les poissons ne puissent s'esquiver ni par-dessus, ni par-dessous. Pendant toutes ces opérations on continue à alimenter la poêle avec de l'eau vive, et on maintient son niveau constant.

Dans l'intérieur du réduit, dans lequel tout le poisson se trouve concentré, on pêche à la seine. Chaque fois qu'on la tire, tous les poissons capturés sont immédiatement aspergés d'eau fraîche et lavés dans le filet même. Ensuite on enlève à la puisette les poissons chasseurs, brochets, perches et sandres, s'il s'en trouve, on les assortit et on les dépose dans des tonneaux remplis d'eau fraîche et préparés d'avance. Ces tonneaux sont disposés sur des voitures qui transporteront la pêche à destination : vivier, étang ou marché. Enfin, on recueille les carpes, on les trie, on les pèse et on les place dans les cuveaux munis d'eau pure qui leur sont destinés. Les petites tanches et les poissons blancs sont le plus souvent abandonnés en paiement aux ouvriers qui viennent aider à la pêche.

Pendant chaque opération de la seine, l'alimentation est interrompue. Elle est reprise durant les intervalles ; mais on augmente le débit de la bonde de vidange, de manière à réduire peu à peu la surface de l'eau à pêcher. Quand il ne reste plus que peu de poissons, on lave l'intérieur des barques et on les remplit en partie d'eau. Les pêcheurs entrent dans la vase, prennent les poissons avec des trubles et les déposent dans les barques.

Après la pêche, au commencement du mois de novembre, on débarrasse l'étang de sa vase, au moyen d'une chasse vigoureuse d'eau courante. On ouvre la vanne du canal de décharge, et l'eau emporte les dépôts terreux, que balaient les ouvriers et qu'ils poussent vers le fossé central, avec des pelles de bois et des racloirs.

F. — Exploitation agronomique des étangs à carpes.

Après la pêche, l'étang doit rester à sec pour s'aérer et pour faire disparaître tous les ennemis des poissons que peuvent recéler encore les herbes et les petites dépressions humides du sol : grenouilles, dytiques et autres insectes, salamandres et surtout brochetons et perchettes. S'il restait une seule mare remplie d'eau, elle pourrait abriter suffisamment d'ennemis pour nuire sensiblement à la pêche suivante. C'est pour cette raison qu'il est si important de niveler toutes les dépressions accidentelles existant dans le fond d'un étang, ou au moins d'y pratiquer des saignées, qui les assèchent pendant la vidange et en draînent l'humidité.

Après que le sol de l'étang s'est suffisamment consolidé pour supporter le poids et l'action de la charrue, on le laboure et on l'ensemence; on y récoltera du froment, du maïs, de l'orge, de l'avoine, du sarrasin ou du trèfle. Le plus souvent, la culture ne dure qu'un an; nous avons vu cependant qu'elle peut se prolonger, lorsque des circonstances spéciales favorisent l'engraissement du terrain. Dans le Schleswig-Holstein, les étangs sont alternativement en eau et en assec durant deux ans.

La mise en culture augmente dans une forte proportion le revenu net d'un étang. Elle favorise le développement du poisson et donne à l'agriculture de beaux produits, croissant en abondance sur un sol engraissé sans frais. Souvent l'exploitation d'un étang fait partie de celle d'une ferme agricole. Dans ce cas, les herbes aquatiques et les roseaux sont utilisés comme fourrages, litières et chaumes. Mêlés aux vases évacuées de l'étang, après la pêche, ils servent à préparer des composts et des amendements très énergiques, surtout si l'on peut y mêler un peu de chaux ou de plâtre.

Les déchets de la ferme peuvent s'ajouter à la nourriture que les carpes rencontrent dans l'étang, ce qui permet d'en augmenter le peuplement. Les résidus du jardin et de la cuisine, feuilles de choux, herbes diverses, luzerne hachée, pelures de carottes, de navets et de pommes de terre, sont consommés volontiers, et, pour rendre cette nourriture plus profitable, on y mêle des substances azotées ou qui renferment du phosphate de chaux. L'orge gonflée dans de l'eau bouillante conviendrait à merveille, si elle n'était pas d'un prix si élevé. On la remplace économiquement par du guano, des résidus de malt des brasseries, des tourteaux, des marcs de raisins et de betteraves, du son, etc., intimement mêlés avec des végétaux hachés menus. Le fumier frais de porc et de mouton, le crottin de cheval et la bouse de vache desséchés qu'on ramasse sur les pâturages, de la poudrette même des usines de vidanges, renferment beaucoup de substances nutritives, que les carpes s'assimilent avec succès. Le fumier de six porcs à l'engrais suffit pour nourrir 300 kilogrammes de carpes, pendant trois à quatre mois. Après ce laps de temps, elles auront pris assez de croissance pour qu'il devienne nécessaire d'augmenter la nourriture ou de réduire leur nombre. Après le quatrième mois, il faut doubler la quantité de nourriture, si l'on veut qu'au bout d'un an le poids de ces poissons s'élève à 750 kilogrammes.

Le fumier ainsi utilisé n'est pas complètement perdu. Outre qu'il a produit une quantité considérable de chair de poisson, on le retrouve, en partie, dans la vase des composts, et on emploie en fumure, sur les champs, tout ce que les carpes ne se seront pas assimilé. N'oublions pas, d'ailleurs, que les herbes aquatiques, dont on n'aurait pas l'emploi, peuvent être incinérées et donner des engrais riches en potasse.

En Chine, chaque famille d'agriculteurs qui

exploite une petite ferme de 1 hectare, possède un étang de quelques ares de superficie dont elle tire des produits abondants. Il est beaucoup de contrées, en France et en Europe, en général, où il serait facile d'organiser des exploitations analogues.

3° — ÉTANGS A TRUITES

Des eaux vives et fraîches et un fond de gravier, de gros sable ou de rochers permettent d'établir un étang à truites. Les eaux doivent être bordées d'ombrages, qui maintiennent leur fraîcheur et qui, de leur épais feuillage, secouent dans l'eau de nombreux insectes, pâture favorite des truites. Au lieu de bords plats et de berges régulièrement inclinées, il faut des rives accidentées, déchirées par des saillies de rochers, hérissées de racines et de troncs d'arbres, où les poissons trouvent des abris et des retraites. Sur le fond, on peut créer des abris artificiels, avec des pierres plates ou des dalles reposant sur des supports, avec des tuiles creuses et des tuyaux de drainage fendus en long et placés le creux en dessous. Au besoin, on crée des refuges avec des madriers ou des fagots de bois flottants, rattachés avec des cordes à des corps morts fixés au sol : leur ombre peut, en partie, suppléer à l'absence des arbres sur les rives.

Avant de peupler un étang avec des truites, il

faut s'assurer qu'il ne renferme ni brochets, ni perches, ni vérons, ni épinoches, ni insectes chasseurs. La présence d'anguilles ou de lottes pourrait être désastreuse. Puis on le munira largement de gardons, d'ablettes et de goujons; les moules d'eau douce seront avantageuses, surtout pour le premier âge. Si l'étang n'est pas disposé naturellement pour que les truites puissent y frayer, on établira des frayères en gravier, ou bien on recourra aux procédés de la pisciculture artificielle.

Il faut éviter la cohabitation de truites de taille très différente, parce que, sans cela, elles se dévorent entre elles. Comme il faut trois ans pour qu'une truite atteigne le poids de 500 grammes à 1 kilogr. et devienne marchande, on doit pouvoir disposer au moins de trois bassins, qui renferment chacun des truites du même âge. A ces bassins il faut annexer de petits compartiments spéciaux, destinés à recevoir les sujets qui croissent mal et ceux qui se distinguent par leur voracité et s'attaquent à leurs compagnons.

La profondeur des bassins doit être de $0^{m},50$ pour la première année, d'au moins 1 mètre pour la seconde et dépasser $1^{m},50$ pour la troisième. Si l'on peut renouveler constamment le peuplement en poissons blancs, ou qu'on dispose des ressources nécessaires pour obtenir une abondante nourriture artificielle, on peut élever un très grand nombre de truites dans des espaces relativement restreints, à condition de maintenir constamment une copieuse alimentation d'eau fraîche et bien aérée. Un étang de 20 mètres de longueur, de 6 mètres de largeur et de $1^{m},50$ à 2 mètres de profondeur, peut loger sans inconvénient plusieurs centaines de truites pendant la troisième année : le peuplement peut aller jusqu'à deux ou trois poissons pour chaque mètre cube d'eau. Avec une alimentation d'eau de 1 mètre cube par heure, on peut élever 20 kilogrammes de truites. La même eau peut servir dans un autre bassin, si elle peut s'aérer sur le passage.

Les plantes qui conviennent le mieux aux étangs de truites, sont celles qui favorisent le plus la production des insectes et de leurs larves; nous nous bornerons à citer la fétuque d'eau, le cresson de fontaine, la véronique et l'iris jaune. Les roseaux et les joncs doivent être proscrits; ils ne rencontrent pas, d'ailleurs, dans les fonds de gravier, favorables aux truites, des conditions avantageuses à leur développement. Les truites ne prennent aucune nourriture végétale : elles aiment à chercher le frais parmi les herbes et à y faire la cueillette des insectes, attachés à la face inférieure des feuilles, ce qui a fait croire quelquefois qu'elles les pâturaient.

Quoiqu'on puisse nourrir les jeunes truites avec du lait caillé, des jaunes d'œufs, des lombrics broyés ou de la chair hachée menu, il vaut mieux les repaître avec des insectes et avec leurs larves, nourriture qu'elles préfèrent à toute autre et qui leur est le plus profitable. A cet effet, on a inventé en Amérique une installation spéciale. Au-dessus de la surface de l'eau, on fixe sur un piquet solidement planté dans le fond, une corbeille en treillis de fil de fer galvanisé. Dans cette corbeille, on place des déchets de viande, des intestins, etc., sur lesquels les mouches viennent déposer leurs œufs. Bientôt les asticots, ou larves de mouches, éclosent et vont tomber dans l'eau, où les attendent les truites. Pour empêcher que la chair ne se dessèche au soleil, qu'elle devienne la proie des oiseaux carnivores ou répande au loin une odeur désagréable, on recouvre la corbeille avec un tonneau défoncé par le bas, qui forme cloche et plonge dans l'eau. Ce tonneau est percé d'un grand nombre de trous de vrille, de $0^m,006$ à $0^m,010$ de diamètre, qui permettent l'accès des mouches. A côté du tonneau est planté un poteau muni d'une console qui porte une poulie. Une corde passe sur la poulie et vient se fixer au centre du plafond du tonneau, muni pour cela d'un crochet. Elle permet de le soulever et de l'abaisser, quand on vient visiter les provisions et les renouveler [1]. Deux anneaux, placés sur une même ligne verticale, glissent sur une barre de fer fixée le long du poteau, et servent à maintenir le tonneau dans sa position, malgré

1. Seth Green, *Troutculture*, p. 50. — Slack, *Practical troutculture*, p. 114.

les efforts du vent et le choc des vagues. Quelquefois on supprime le support de la corbeille et on la suspend au-dessus de l'eau, dans l'intérieur du tonneau. Tout en empêchant l'infection de l'air, ce dernier procure aux truites un abri ombragé, où elles viennent guetter la proie vivante, qui leur pleut dans la bouche.

On peut élever les truites par stabulation, dans des bassins en maçonnerie très étroits, si on les fournit abondamment de vivres. La meilleure nourriture, après les insectes et leurs larves, consiste en fretin, petits crustacés, poisson blanc haché menu, viande de cheval découpée en petits morceaux, vers de terre, etc. La chair salée et le hareng de caque sont acceptés et consommés sans inconvénients. Quand on nourrit les truites artificiellement, on remarque que les morceaux de chair ou de poissons qui ne sont pas saisis pendant qu'ils flottent dans l'eau, tombent au fond et ne sont pas consommés. Cela tient à la disposition naturelle des yeux de ces poissons, qui, placés à la partie supérieure de la tête, ne peuvent voir au-dessous d'eux. Pour éviter l'infection que pourrait causer la pourriture des restes de pâture, il faut, dans l'étang de première année, prendre soin de ne pas nourrir avec excès et de ne répandre la pâtée que peu à peu, au fur et à mesure qu'elle est absorbée. Si on n'a pas le temps de se livrer à ce soin minutieux, on place la nourriture dans une corbeille en treillis de fil de fer, couverte, formant râtelier et maintenue immergée à la surface de l'eau. Les poissons y viennent choisir les bribes qui leur conviennent. Au-dessous de ce râtelier, on place, sur le fond, un large plateau à bords relevés, destiné à recueillir les morceaux perdus, qu'on enlève de temps en temps. Dans les étangs de deuxième et de troisième année, cette disposition n'est pas nécessaire : quelques écrevisses qu'on y répand se chargeront de maintenir la propreté, sans nuire aux truites.

C'est surtout dans les viviers où les truites sont élevées artificiellement et réunies en grand nombre dans un petit espace, qu'il faut avoir soin de se ménager de nombreux compartiments, pour recevoir chacun des truites de même taille. Sans cela les plus fortes dévorent les plus faibles. Il suffit d'une différence d'un quart dans la longueur pour mettre la plus petite en danger. Lorsque la nourriture est insuffisante, les truites s'attaquent entre elles, quoique de mêmes dimensions, et se mordent près de la queue. Toute truite mordue peut être considérée comme perdue; en peu de jours, elle meurt de sa blessure.

Il est rare que les truites puissent frayer dans les étangs mêmes. Lorsque les circonstances le permettent, on leur prépare des frayères artificielles, soit dans les rigoles d'alimentation, soit près de leur embouchure, afin de leur procurer de l'eau vive. En tout cas, il faut munir de grilles les rigoles d'admission ou les ruisseaux qui alimentent l'étang, pour que, pendant la saison des amours, les truites ne puissent s'échapper, en remontant le courant, et ne deviennent une proie facile des braconniers et de leurs autres ennemis.

On peut élever avec succès des ombres chevaliers dans les étangs à truites et dans les mêmes conditions. Le saumon ne peut pas donner de résultats, parce que le séjour dans l'eau de mer lui est indispensable pour acquérir tout son développement.

4° — ÉTANGS A CORÉGONES

La famille des corégones, qui comprend la féra, le lavaret, la grande maraene et d'autres espèces, peut s'élever dans des étangs de toutes dimensions, même quand leur profondeur est limitée, et qu'ils ne sont alimentés que par infiltration, pourvu que l'eau soit fraîche et pure.

Pour peupler les bassins, il suffit de semer des œufs fécondés sur un fond de gravier ou de gros sable, dans une eau aérée mais tranquille, et à une profondeur d'au plus 0,^{m} 50 d'eau. On aura soin de les éparpiller et de ne pas les agglomérer par groupes. Il est indispensable que les œufs ne se touchent pas, sans cela, la perte de quelques-uns d'entre eux, qui se couvrent d'une espèce de moisissure appelée byssus, entraînerait la mort de tous leurs voisins.

On garnira le bassin de moules d'eau, de planorbes, de lymnées des étangs et d'autres mollusques, dont la progéniture sert de première nourriture aux alevins. Quand ils ont acquis une taille suffisante, ils dévorent aussi les vers et les petits insectes que l'exiguïté de leur bouche leur permet de saisir.

En 1868, on a obtenu à l'établissement de Huningue des féras adultes pesant environ 500 grammes et provenant de fécondations artificielles. Elles vivaient dans un bassin d'un peu plus de 1 mètre de profondeur, alimenté uniquement par les eaux du sous-sol, et formaient une population très dense, d'environ trois individus par mètre carré.

Les féras peuvent se transporter vivantes à de grandes distances et prospèrent très bien après leur voyage. On peut donc les propager par colonisation. Leur reproduction par la pisciculture artificielle n'est pas plus difficile que celle des truites.

Comme les grandes maraenes, surtout celles du lac de Madu, en Prusse, atteignent de fortes dimensions dans des étangs d'une profondeur limitée, il serait profitable d'acclimater en France cet excellent poisson, et de le domestiquer dans nos bassins d'eau.

5° — ÉTANGS A ANGUILLES

Presque toutes les eaux conviennent à l'anguille; elle prospère dans les rivières aussi bien que dans les étangs et les marais, mais la chair de ce poisson sera d'autant plus savoureuse qu'elle proviendra d'eaux plus vives et plus pures.

Les étangs à anguilles doivent être soigneusement protégés par des treillages métalliques, pour qu'elles ne puissent pas s'échapper par les vannes d'admission ou les bondes de trop-plein. On fait grandir de petites anguilles, provenant de la montée, dans des bassins étanches, dont on protège les issues avec de la toile ou une gaze, qui laisse filtrer l'eau et retient les poissons.

Au commencement, les petites bêtes filiformes se nourrissent d'infusoires, qu'elles rencontrent dans l'eau. Un peu plus tard, on leur donne des lombrics et des larves d'insectes, écrasés et réduits en pâte. Quand les anguilles ont atteint des dimensions suffisantes, elles dévorent du frai de grenouilles, des insectes, des limaces, des crustacés, des mollusques et de la chair hachée : du fumier de brebis, qui renferme toujours un grand nombre de larves d'insectes, peut contribuer beaucoup à accélérer leur croissance.

Dans un étang de 1 hectare, on place environ 2,000 anguilles d'un an. On ajoute des chevaines, des gardons, des ablettes, des vérons et surtout des grenouilles et des écrevisses, dont elles sont extrêmement friandes.

S'il existe un cours d'eau dans le voisinage de l'étang, il faut isoler ce dernier au moyen d'une petite palissade que l'anguille ne puisse pas franchir. Sans cela, elle gagnera les eaux vives en passant à travers champs, et s'échappera. Dans le cas contraire, il faut ménager des berges assez peu inclinées, afin que le poisson puisse, sans trop de peine, quitter l'eau pendant la nuit, et aller se repaître de limaces et de vers de terre, qui sortent à l'air, pendant l'obscurité, pour dévorer les herbes.

En trois ou quatre ans, l'anguille arrive à peser 1 kilogramme et à devenir marchande. On ne l'élève que dans des terrains marécageux, ou à fond de glaise, qui ne peuvent servir ni pour la carpe, ni pour la truite; quelquefois on en place, mais en petit nombre, dans les étangs à carpes. On peut les nourrir artificiellement avec des tripailles, du foie ou du poumon de bœuf et des rebuts de viandes hachés. Les fonds de sable ne conviennent pas à l'anguille, surtout pendant l'hiver, parce qu'elle ne peut pas y établir les galeries, où elle se réfugie durant les froids.

6° — ÉTANGS A ÉCREVISSES

Les étangs à écrevisses doivent consister surtout en fossés alimentés d'eaux vives, afin d'offrir à ces crustacés un grand développement de rives, dans lesquelles ils choisissent leurs retraites. Ces fossés peuvent en même temps servir à élever des truites. Le plus souvent, on se borne à tenir les écrevisses dans des viviers en maçonnerie, où elles grandissent et s'engraissent. Le sol doit en être graveleux à une grande profondeur, et l'alimentation d'eau vive, très abondante. Ces viviers peuvent servir de cressonnières.

Pour que le test des écrevisses puisse se renouveler, il faut qu'elles rencontrent dans l'eau le calcaire nécessaire. Si les eaux ne renferment pas de chaux, il faut que les pierres des parois des viviers la leur fournissent. La petite quantité d'acide carbonique que les eaux renferment toujours, leur fait dissoudre la quantité de carbonate de chaux nécessaire, dont profitent les crustacés. A défaut de cette précaution, on risque de voir les belles et grandes écrevisses à pattes rouges dévorées par la petite écrevisse noire, qui prospère dans les eaux siliceuses, ou bien le peuplement meurt et disparaît, faute de pouvoir remplacer sa carapace pendant les mues.

On nourrit les écrevisses de larves d'insectes, qui se développent dans le fumier; de détritus de toutes sortes, animaux ou végétaux, de sang de bœuf frais, etc. Elles aiment surtout la chair fraîche. Bien soignées, elles peuvent atteindre des dimensions extraordinaires. En 1590, on mandait de Bohême qu'on disposait d'écrevisses aussi grandes que des cochons de lait âgés de deux semaines [1].

Les écrevisses croissent lentement et doivent être séparées par taille, pour ne pas s'entre-dévorer au moment des mues. De nombreux refuges leur seront ménagés au moyen de pierres superposées le long des bords. Les petites écrevisses, de moins de 1 centimètre de longueur, s'enfoncent dans le sol, quelquefois à plus de 1 mètre de profondeur, et y passent leur première jeunesse.

1. HORACK, *Culture des étangs en Bohême*, p. 156.

7° — PRODUITS VÉGÉTAUX DES ÉTANGS

Nous avons vu que les insectes, les mollusques et les crustacés qui vivent dans l'eau, jouent un grand rôle dans l'alimentation des poissons, et constituent pour eux une nourriture aussi agréable que substantielle. Pour produire ces petits animaux à profusion, il faut que l'étang soit abondamment pourvu des végétaux qui les hébergent. Parmi les plantes aquatiques, il en est qui sont particulièrement favorables à la propagation d'insectes nourriciers; d'autres le sont moins, mais se prêtent à divers usages, qui leur assignent une valeur agronomique assez élevée; d'autres enfin, sont inutiles ou nuisibles, et doivent être proscrites. Si l'on dispose de grandes étendues d'eau, dont l'exploitation se combine avec celle d'une ferme agricole, on réserve des espaces limités à la culture des plantes utiles, afin de parer à tous les besoins de l'économie rurale.

La plante qu'on rencontre le plus communément dans les eaux fermées et sur les rives abritées des rivières, c'est le *roseau* (arundo phragmites). Il prospère dans les terrains vaseux et fertiles, et pousse dans tous les sols qui ne sont pas exclusivement argileux. Ses usages sont très variés et lui constituent une utilité exceptionnelle. Très jeune, il fournit plusieurs coupes et sert de fourrage vert pour les chevaux. On le donne aussi aux vaches, mais alors il est haché avec de la paille ou mélangé avec des fourrages secs. Sa valeur nutritive est très grande. Le roseau sec renferme de 18 à 19 pour 100 de protéine, quantité supérieure à celle que contiennent presque tous les autres fourrages, à l'exception de la jeune luzerne. Quand il a toute sa hauteur et mesure environ 2 mètres, on le récolte et on le fait sécher pour servir de couverture pour les meules, de chaume pour les hangars ou de murailles pour les huttes abris où se tiennent les gardes. Dans la construction des maisons, on s'en sert pour garnir les plafonds et les cloisons, qui doivent recevoir une couche de plâtre. Enfin il remplace la paille et les feuilles sèches comme litière pour les bestiaux. La production du roseau n'est donc nullement indifférente, au point de vue du rendement pécuniaire d'un étang.

On emploie différentes méthodes pour propager le roseau. Au fond des eaux permanentes, sur un sol toujours submergé, on ne peut recourir qu'à l'ensemencement. On récolte des graines bien mûres et on les pétrit avec de la terre grasse de manière à former des boules, de $0^{m},06$ à

0m,10 de diamètre. Ces boules sont disséminées sur le sol qu'on veut garnir, et, bientôt, les graines germent et s'enracinent dans la terre. Dans les étangs on profite de la vidange, pour planter dans des fosses de 0m,30 à 0m,60 de profondeur (selon la longueur des racines), des mottes de terre portant des roseaux. La plantation se fait au printemps, avant la formation des nouvelles pousses. Enfin pendant le mois de juillet, on peut piquer des tiges de roseaux dans des endroits vaseux et bien abrités, où elles prennent racine. En automne, on enlève ces boutures avec leur motte, et on les met en place. Après la plantation, on maintient l'humidité du sol; mais on ne le mettra en eau que lorsque les jeunes pousses auront atteint une longueur de 0m,30.

Les plantations de roseaux se développent avec une grande vigueur; elles finissent par former des massifs impénétrables aux poissons de moyenne taille. Il faut donc en modérer l'extension et la circonscrire dans certaines limites, pour ne pas porter préjudice au développement du peuplement piscicole. Par contre, ils fournissent au poisson de nombreux insectes, des graines et des détritus, dont il fait son profit. Comme les roseaux ne peuvent vivre que dans des profondeurs d'eau inférieures à 2 mètres, leur envahissement n'est pas à redouter dans les étangs profonds, dont tout au plus ils peuvent garnir les rives. Pendant l'assec, il est facile de les extirper en arrachant les racines et les brûlant, opération que la charrue facilite beaucoup, quoique son action ne suffise pas pour amener seule une destruction totale.

L'*acore* (acorus calamus) est une herbe dont la tige atteint 1 mètre de hauteur et porte une fleur en forme de panicule. Ses racines, qui atteignent une grosseur de $0^m,03$, sont recherchées pour la distillation, la pharmacie et la confiserie. Il se plaît dans des eaux qui n'ont pas plus de $0^m,30$ à $0^m,60$ de profondeur. On le plante au printemps, en lignes distantes de 2 mètres, en repiquant, avec des intervalles de $0^m,60$, des cayeux portant des feuilles. La culture de l'acore est favorable aux poissons.

De toutes les plantes aquatiques, la meilleure pour le peuplement est la *fétuque flottante* (festuca fluitans), dont les feuilles douces et tendres sont consommées par les carpes, et constamment couvertes de myriades d'insectes et de petits crustacés. Ses graines sont très nutritives; mais ses fortes racines sont une gêne pour le labourage.

La *lentille d'eau* (lemna) tapisse la surface de l'eau d'innombrables petites feuilles flottantes, dont les faces inférieures portent des racines plongeantes. Elle foisonne surtout dans les étangs qui reçoivent des eaux grasses, et abrite de nombreuses colonies de petites proies, que les poissons y viennent récolter. Cette plante ne réussit que dans les eaux abritées; les vents la rejettent sur les berges et la font périr par dessication.

La *châtaigne d'eau* (trapa natans) est une plante annuelle dont les feuilles ressemblent à celles de l'ortie; ses fruits sont mangeables. Elle aime un sol marneux et gras. Ses feuilles sont consommées par les chevaux. Quand elle se répand à l'excès; il suffit de la faucher sous l'eau, avant la maturation des châtaignes; on en empêche ainsi la reproduction, qui ne peut avoir lieu que par ensemencement.

Parmi les plantes utiles dans les étangs, nous citerons encore les nénuphars, qui conviennent particulièrement aux étangs à truites; la spargule d'eau (polygonum amphibium); la renoncule aquatique (ranuncula aquatilis); le cresson de fontaine (nasturtium) et celui de marais; l'iris jaune (iris pseud-acorus), et la véronique d'eau (veronica beccabunga).

Les plantes à détruire sont les joncs (scirpus lacustris) qui produisent peu d'insectes et servent à certains usages domestiques; le Typha latifolia, la Glyceria aquatica, la Phalaris arundinacea, etc.

III

LES FRAYÈRES ARTIFICIELLES

De temps immémorial, les Chinois ont pratiqué la pisciculture au moyen de frayères artificielles. Voici ce qu'en rapporte Duhamel, d'après l'*Histoire générale des voyages* [1] :

« La Chine offre une prodigieuse abondance de poissons; les rivières, les lacs, les étangs, les canaux même y sont remplis de poissons, qui fourmillent jusque dans les fossés qu'on creuse dans les champs, pour conserver l'eau qui sert à la production du riz. Ces fossés sont remplis de frai ou d'œufs de poisson, dont les propriétaires tirent un profit considérable.

« On voit tous les ans, sur la grande rivière du Yang-tse-Kiang, à peu de distance de Kien-King-fou, dans la province de Kiang-si, un nombre surprenant de barques qui se rassemblent

1. Duhamel du Monceau, *Traité général des pêches*, 1772.

pour acheter du frai. Vers le mois de mai, les habitants bouchent la rivière en plusieurs endroits, dans l'espace de neuf à dix lieues, avec des nattes et des claies, qui ne laissent d'ouverture que pour le passage d'une barque, afin d'arrêter le frai, qu'ils savent distinguer du premier coup d'œil, quoiqu'il ne produise presque aucun changement à l'eau. Ils emplissent des tonnes avec cette eau chargée de frai, pour la vendre aux marchands, qui la transportent en diverses provinces, ayant l'attention de remuer cette eau de temps en temps. Elle se vend par mesure, à ceux qui possèdent des étangs. Dans l'espace de peu de jours, le frai commence à paraître et forme de petits bancs, étant si petits qu'ils sont presque imperceptibles. On les nourrit avec des lentilles d'eau et des jaunes d'œufs, à peu près comme on nourrit en Europe certains animaux domestiques. On empoissonne aussi des canaux avec des poissons qn'on tire des rivières et des lacs. »

L'auteur ajoute : « Quelques-uns disent que si l'on arrache une racine d'arbre chargée de chevelu et dépouillée de la terre qui l'environnait, que vers la fin d'avril ou au commencement de mai, on la mette quelques jours attachée à une corde, dans un endroit où le poisson fraie, elle se trouve en peu de temps très chargée de frai, et qu'en la transportant promptement dans une mare, la tenant à $0^{m},10$ sous l'eau, le frai y éclôt et l'empoissonne. »

Quelquefois les Chinois récoltent les œufs au moment de la ponte, au moyen d'un petit filet à mailles très étroites. Le frai est placé dans des cuviers remplis d'environ $0^m,05$ d'eau, et placés dans des endroits frais et ombragés, mais où les rayons du soleil puissent pénétrer, et où il éclôt[1]. Ce procédé a été employé dans d'autres contrées. En France, dans le département de l'Isère, depuis un temps immémorial, les pêcheurs font au lac Paladru la récolte des œufs de cyprins[2]. Dès les premiers jours du printemps, vers le milieu du mois de mars, ils déposent dans le lac des branches d'arbres verts et de broussailles, qui servent aux poissons à se débarrasser de leurs œufs. Ces derniers sont transportés ensuite dans les localités destinées à être empoissonnées. En Bohême, on garnit de branches de bouleau les berges des étangs à feuilles, pour recevoir le frai des carpes.

Les frayères artificielles seront disposées d'une manière différente, selon qu'il s'agira de faciliter la ponte des poissons qui déposent leurs œufs sur les plantes aquatiques, ce qui a lieu pour un grand nombre de ceux qui fraient en été, ou de ceux qui les épanchent sur un fond de gravier, comme le font le plus souvent les espèces qui se reproduisent pendant la saison froide.

1. DABRY DE THIERSANT, *La Pisciculture et la pêche en Chine*, p. 116.
2. Dr SOUBEYRAN, *La Pisciculture chez divers peuples*, p. 21.

Lorsque les eaux renferment une grande abondance d'herbes propres à recevoir le frai, on se borne à les faucarder en partie, pour obliger le poisson à se reproduire exclusivement sur les herbages ménagés à cet effet. On peut alors facilement récolter les œufs, en coupant les herbes qui en sont chargées, pour les transporter aux endroits où doivent se faire les éclosions.

Si les herbes font défaut, comme cela peut arriver dans un étang à truites à fond de gravier, on y peut suppléer artificiellement, afin d'obtenir des reproductions. A cet effet, on place sur les bords de l'étang ou des cours d'eau, des fascines de bois menu [1]. Ces fagots, ou bourrées, sont dressés dans l'endroit le mieux exposé, à quelques mètres de distance les uns des autres. La moitié du fagot qui présente le plus de brindilles plongera dans l'eau; l'autre moitié sera fixée sur le rivage. Ces frayères devront être placées avant l'hiver, dans des endroits peu fréquentés par l'homme, pour que le poisson s'accoutume à leur vue, et aussi pour que le bois perde, à la fois, son odeur et le tannin qu'il peut contenir.

On peut remplacer les fagots par des claies de 1m,50 à 2 mètres de longueur, formées par un cadre rectangulaire, sur lequel on fixe, perpendiculairement à sa longueur, cinq ou six lattes transversales. On garnit les claies de branches

1. Isidore Lamy, *Nouveaux éléments de pisciculture.*

de genévrier ou de chevelu de racines de plantes aquatiques, et on les place obliquement contre la rive. La partie inférieure est maintenue à la hauteur voulue, au moyen de pierres attachées avec des cordes, et la partie supérieure est fixée à terre. (Fig. 41.)

Quelquefois on se sert de claies circulaires, for-

Fig. 41. — Frayère à claies.

mées de cerceaux qui maintiennent des lattes croisées à leur centre. On garnit ces disques de branchages et on en place plusieurs les uns au-dessus des autres, en les attachant à quelques piquets plantés dans le sol.

Enfin on peut se servir de caisses de bois remplies de terreau, où l'on a planté des herbes aquatiques avec leurs racines. On immerge ces caisses aux endroits les plus favorables, environ trois mois avant la ponte. Elles attireront infailliblement le poisson, quand il éprouvera le besoin de frayer. (Fig. 42.)

On facilite le frai des carpes dans des étangs

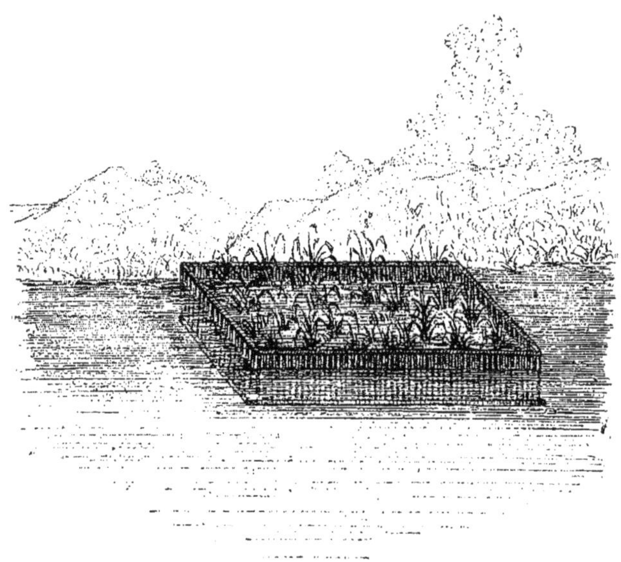

Fig. 42. — Frayère artificielle.

froids, en immergeant des tables, auxquelles on donne une légère inclinaison. On les couvre avec des mottes de gazon, dont les herbes sont tournées vers le ciel, et qui sont surmontées de $0^m,20$ d'eau à la partie la plus basse, et de $0^m,05$ à la partie la plus élevée, en supposant à la table une longueur de 4 à 5 mètres. Par l'action du soleil, l'eau s'échauffe singulièrement sur les herbes et les carpes viennent volontiers y déposer leur frai.

Tous ces appareils de frayères artificielles doivent être mis à l'abri des vagues que peut soulever une tempête, et défendus, au besoin, contre elles, par une cloison en planches placée à une petite distance.

Au moment de l'éclosion, il faut protéger les œufs contre leurs ennemis naturels. A cet effet, on dépose dans des paniers d'osier les herbes et branchages chargés de frai. On les immerge aux endroits choisis et on les amarre à un piquet, après avoir chargé le panier d'un nombre suffisant de pierres pour le maintenir sous l'eau. Quand les alevins sont éclos, il suffit d'ouvrir le couvercle pour leur donner la liberté. On remplace quelquefois les paniers par des caisses dont les parois portent des jours garnis de toiles métalliques, à mailles assez serrées pour empêcher l'accès des ennemis du frai, sans empêcher l'eau de circuler et d'apporter des infusoires, des conferves et de petites algues, qui seront la première nourriture des jeunes poissons.

Pour créer des frayères à truites dans des eaux à fond vaseux[1], on choisit un endroit où il y ait du courant et peu de profondeur. Au mois de septembre, on y transporte du gravier bien purgé, de la grosseur de 0m,01 à 0m,04; on en établit une couche de 0m,20 à 0m,25 d'épaisseur sur une

1. MILLET, *La Culture de l'eau*, p. 142.

surface de 2 à 3 mètres carrés. Les truites viendront y établir leur nid et y déposer leurs œufs. Lorsqu'on dispose d'un petit ruisseau à forte pente, qui alimente l'étang ou qui se déverse dans une rivière à truites, on peut établir des frayères dans les meilleures conditions. On commence par poser une grille à l'endroit qu'on ne veut pas voir dépasser par les truites qui remontent le courant, soit à cause des dangers qu'elles pourraient courir au delà, soit parce qu'on veut borner le rayon de la surveillance à exercer. Puis on y dispose un certain nombre de frayères artificielles. On les place au pied des rapides, où les eaux ne gèlent jamais à fond et sont fortement aérées. Si la pente est trop accusée, on la rompt au moyen d'une série de petites cascades, qui remplacent avantageusement les rapides : il ne faut pas que la vitesse d'écoulement de l'eau soit assez grande pour entraîner les œufs pendant la durée de l'incubation.

A côté de chaque frayère, on laisse un espace suffisant pour le poisson qui remonte ou qui descend le ruisseau, afin que l'opération de la ponte ne soit pas troublée par le va-et-vient. Quand la fraie est terminée, et que la femelle a achevé de couvrir les œufs avec du gravier, il faut empêcher que d'autres couples ne viennent frayer au même endroit. En creusant leur nid à leur tour, ils découvrent les œufs antérieurement pondus, les détériorent et les dévorent avec avidité. On recouvre donc la frayère au moyen de quelques broussailles fixées par des piquets, de caisses en planches à parois percées de trous de vrille, d'un treillage en fer galvanisé, ou d'un simple panier d'osier chargé de quelques pierres. Chaque nid ne doit jamais servir qu'à un seul couple.

On favorise la ponte en couvrant les frayères avec quelques planches formant pont par-dessus le ruisseau. Elles procurent aux poissons l'ombre, la tranquillité, et surtout la sécurité contre les oiseaux pêcheurs, qui les guettent, eux et leur progéniture.

IV

AMÉNAGEMENT DES RIVIÈRES

ET DES CANAUX

Dans les fleuves, les rivières navigables et dans les canaux de navigation, la pêche n'est considérée que comme un produit accessoire, qui a été, le plus souvent, complètement sacrifié aux intérêts majeurs des transports : il n'est cependant ni difficile, ni coûteux de concilier ces deux intérêts.

La canalisation et l'endiguement des cours d'eau, en rendant mobile le fond des rivières pendant les crues, y ont détruit en grande partie les végétaux qui servent à l'alimentation et à la reproduction des poissons les plus vulgaires, sans lesquels ne peuvent vivre les espèces les plus recherchées, qui s'en nourrissent. Le mouvement des vagues produites par la navigation à vapeur disperse le frai déposé sur les plantes qui garnissent les rives; les œufs sont décollés des herbes, projetés sur les berges et périssent en se desséchant. Les crues rapides et les baisses qui arrivent subitement, sont autant de causes de destruction du frai.

Enfin la mobilité du fond, dont les graviers broient à la fois l'œuf et son alevin, ne permet pas au peuplement de se maintenir.

Si ces cours d'eau étaient munis d'un nombre suffisant d'abris pour le frai, pour l'alevin et pour le poisson adulte, si on rétablissait les pâturages herbeux, produisant insectes et feuillage, nourriture de la plupart des poissons, nul doute, qu'eu égard à l'extrême puissance de reproduction de ces animaux, en peu de temps nos rivières récupéreraient, en grande partie, leur richesse d'autrefois.

Dans les contrées où la civilisation n'a pas encore accompli ses grandes œuvres; où les rivières ne sont pas endiguées et reçoivent les eaux d'égouttement d'immenses pâturages; où les cours d'eau communiquent librement avec de vastes étangs et des marécages, dans lesquels le poisson blanc pullule à portée d'une nourriture inépuisable, la pêche, malgré tous les abus, continue à donner de merveilleux résultats. Tel est l'état des rivières de la Hongrie, et en général, de l'Europe orientale.

La construction des digues a isolé nos cours

d'eau navigables de leurs anciens bras, d'où leur arrivait en grande partie leur peuplement. Serait-il impossible aujourd'hui de les remettre en communication, tout en ayant soin de munir les têtes des canaux d'accès de vannes qu'on pourrait fermer pendant les crues? Ne pourrait-on pas endiguer celles des noues qui pour cela offriraient des facilités particulières, et les réunir au lit des rivières à titre de ports à poissons? Nous n'y voyons aucun obstacle. Ces vieux bras et ces ports, constitués en réserves, abriteraient le poisson pendant la saison des amours, et lui serviraient de refuge pendant les crues. L'excédent de leur population se déverserait incessamment dans le cours d'eau principal et en enrichirait la pêche.

Des anses ménagées dans les rives et munies de frayères artificielles, ou des bassins établis dans les dépressions naturelles du terrain, pourraient remplacer les anciens bras ensablés aujourd'hui. Une baie de 1 are de superficie et d'une profondeur de $0^m,40$ à $0^m,50$ placée de 2 en 2 kilomètres, suffirait pour approvisionner de carpes et de tanches une rivière de 30 mètres de largeur [1]. Si on ne pouvait pas multiplier ces baies, une mare de 30 à 40 ares, sans communication avec le lit principal, suffirait pour approvisionner, par colonisation, une longueur

1. Dr Lamy, *Nouveaux éléments de pisciculture*, p. 81.

de 10 kilomètres. Le long des canaux de navigation, près des maisons éclusières, il ne serait ni difficile, ni bien coûteux d'établir des bassins d'alevinage, dont les reproducteurs seraient fournis par les locataires mêmes de la pêche. Ces bassins pourraient servir de viviers d'entrepôt des poissons pendant les chômages, lorsque la cuvette des biefs serait mise à sec pour recevoir des réparations.

Pendant la vidange des biefs des canaux de navigation, il périt toujours une immense quantité de jeunes poissons, qu'on pourrait sauver pour repeupler le canal lors de la mise en eau. Il suffirait pour cela de pratiquer dans les biefs, à environ 10 mètres en aval de chaque écluse, un approfondissement analogue à la poêle des étangs. Sa longeur serait déterminée par la surface du bief, et sa largeur ne dépasserait pas la moitié de celle du fond de la cuvette. Quand on fait baisser les eaux, les poissons remontent le courant. Il suffirait de ralentir l'écoulement à la fin de l'opération, et de maintenir un petit filet d'eau fraîche, découlant de la porte de l'écluse supérieure, pour rassembler tout le poisson dans la poêle. La pêche y serait aisée, ainsi que le transport dans le bassin de dépôt. Le plus souvent même, on pourrait maintenir cette alimentation pendant toute la durée du chômage. Il est vrai qu'on peut, par une manœuvre appropriée, attirer une partie du poisson dans le sas de l'écluse et de là, ensuite, le faire passer dans le bief supérieur. Mais on ne sauvera pas ainsi le fretin, et souvent il est nécessaire de mettre à sec plusieurs biefs consécutifs. La création de bassins de dépôts s'impose donc comme une nécessité, si on veut maintenir les produits de la pêche dans les canaux.

Dans les rivières et les canaux, il se développe souvent une cause de dépeuplement qu'il convient de surveiller : c'est la surabondance des brochets. Tous les ans, à la fin du mois d'août, une pêche générale devrait être exécutée au filet traînant. L'emploi de ce filet ne présenterait, à cette époque, aucun inconvénient pour le frai, et il est indispensable pour capturer tous les gros brochets et pour détruire une partie des brochetons. La population du brochet ne devrait pas excéder celle d'un deux-centième des autres poissons de même taille, quand le peuplement est complet. Lorsque la rivière est dépeuplée, il faut y supprimer tous les brochets qu'on peut atteindre, et dans aucun cas, il n'en faudrait conserver dont le poids dépassât 500 grammes. Lorsque la rivière nourrit des truites, des ombres communs et des perches, il n'y faut tolérer le brochet d'aucune façon.

Dans une rivière dépeuplée depuis dix ans, il a été fait en 1867 une pêche exceptionnelle, dans le but de prendre un gros brochet signalé depuis quelque temps. Sur 2 kilomètres de parcours, la seine a capturé une trentaine de brochets, maigres, mais fort longs. Ils pesaient de 6 à 12 kilogrammes et leur chair était sèche et coriace. Ils avaient fait disparaître les truites et les ombres communs qu'autrefois on pêchait avec abondance.

Ce n'est pas qu'il faille détruire complètement le brochet, qui est excellent à manger quand il n'est pas trop âgé et qu'il a été bien nourri; mais il en faut limiter le nombre dans les canaux et dans les rivières. Il ne faut le supprimer complètement que dans les parties réservées pour la reproduction, aussi bien que les lottes, les anguilles et les perches, qui se nourrissent de frai et d'alevins. En gens pratiques, les Anglais ont mis à prix la tête du brochet dans toutes leurs rivières à saumons.

La principale richesse des grands cours d'eau est fournie par les poissons voyageurs. Ils ne mangent presque pas dans les eaux douces, et tirent toute leur substance de la mer. Leur conservation et leur multiplication doit être un des principaux buts de la pisciculture. La reproduction artificielle du saumon peut contribuer à en peupler les rivières; mais il faut surtout qu'il puisse y remonter à son retour de la mer et s'y multiplier naturellement. Les bassins de reproduction artificielle établis dans la Grande-Bretagne n'ont pas donné les résultats espérés. C'est encore le frai natuurel du samon, qui, bien surveillé et efficacement protégé, constitue, en Écosse et en Irlande, la base du repeuplement.

Il est donc essentiel d'établir des passages ou *échelles à poissons* partout où des barrages, construits pour favoriser la navigation ou pour mettre en mouvement les roues des usines, interceptent le chemin que les poissons suivent à la montée. Ces échelles, dans nos rivières si souvent appauvries durant les sécheresses, se composent d'une série de vasques, juxtaposées sur un plan incliné d'un cinquième au plus de la hauteur à franchir. Elles sont assez grandes et assez profondes pour que le poisson puisse s'y reposer et reprendre son élan, sans risque de se blesser. Elles communiquent par des entailles ou des passes, pratiquées alternativement sur les côtés des retenues et produisant de petites cascades. Le fond est horizontal, ou incliné légèrement dans le sens du courant, afin d'éviter l'ensablement. Si au moment de l'élan la queue du poisson touche le fond, il peut se blesser, perdre quelques écailles, et dès lors, sa vie est compromise. L'issue inférieure de l'échelle doit toujours se trouver dans le courant principal. S'il est impossible de remplir cette condition, il faut par un moyen artificiel, cascade ou remou produit par une conduite d'eau, attirer le poisson à l'entrée du passage. (Fig. 43.)

Une fois la libre circulation du poisson assurée, il faut étudier les affluents où il aime à établir ses frayères. Ces cours d'eau doivent être constitués à l'état de réserves et rigoureusement surveillés. Pendant la fraie, le poisson est sans défense et livré à la merci des braconniers. Après l'éclosion,

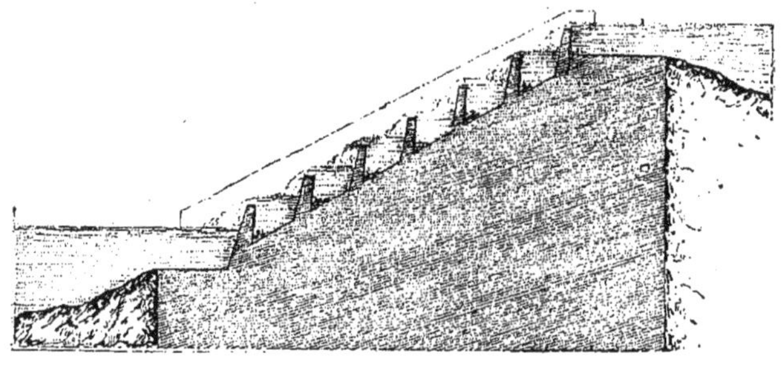

Fig. 43. — Échelle à poissons.

l'alevin du saumon séjourne pendant un an dans son ruisseau d'origine, et devient trop souvent, sous le nom de reney, de tacon et de saumoneau, la proie des délinquants. L'avenir de la pêche du saumon repose tout entier sur la conservation du saumoneau. Tous les efforts qu'on fera pour le repeuplement ne pourront aboutir à aucun résultat, si la progéniture du poisson n'est pas efficacement protégée.

L'alose, qui est un des éléments principaux de la pêche des grandes rivières, fraie en pleine eau, pendant la nuit. Les endroits où elle pond ses œufs doivent être observés, étudiés et bien définis. Pendant toute la durée de la fraie, la pêche y doit être interdite. D'ailleurs la pêche de nuit de ce poisson ne devrait être permise que sur les bords de la rivière, et sur un quart, au plus, de sa largeur, à partir de chaque rive.

La montée des anguilles est consommée en masse par les populations riveraines des embouchures de nos fleuves. Pour un maigre repas, elles détruisent une quantité d'anguillules capable de peupler tout un canton de l'intérieur. La pêche de la montée ne devrait être permise que dans un but de repeuplement.

Il serait utile aussi de protéger spécialement les frayères des lamproies et des éperlans. La pêche de l'esturgeon devrait être absolument interdite, pendant plusieurs années, jusqu'à ce qu'il se soit de nouveau multiplié assez pour qu'on puisse reconnaître ses frayères et les protéger.

Il est d'autant plus nécessaire, nous le répétons, de protéger les poissons voyageurs, qu'ils ne consomment presque pas de poissons indigènes et s'engraissent à la mer. Ce sont des émissaires de nos petits cours d'eau, qui vont au loin faire de grosses récoltes, pour nous les rapporter. Des expériences officielles, poursuivies sur le Rhin [1], ont démontré que le saumon qui revient de la mer ne mange plus quand il se trouve dans l'eau douce, et ne peut porter aucun préjudice à la population sédentaire des rivières qu'il fréquente. Il en est de même de l'alose.

En repeuplant les rivières au moyen d'alevins obtenus artificiellement, il faut avoir soin de les disséminer dans les affluents qui leur conviennent. Les saumons et les truites ne quittent souvent qu'à l'âge de deux ou trois ans les ruisseaux où ils sont nés. S'ils arrivaient plus jeunes dans les grands cours d'eau, ils seraient trop faibles pour résister aux périls qu'ils y rencontrent. Si l'on met en liberté, dans une grande rivière, des saumoneaux ou des truites de moins d'un an, il y a grande chance que pas un poisson n'en réchappe.

Le but à atteindre, c'est que chaque rivière pourvoie naturellement à son peuplement. A cet effet, elle doit renfermer un nombre suffisant de reproducteurs. Or le poisson ne peut arriver aujourd'hui à l'état adulte, ni devenir capable de reproduction, s'il n'est pas protégé. C'est pour lui assurer cette protection qu'on a établi les *réserves,*

1. Barfurth, *De la nourriture et des mœurs des salmonides et des aloses,* 1874, p. 20. — J.-G. Bertram, *The harvest of the sea,* 1865, p. 192.

où la pêche est interdite en toute saison. Dans ces parties de cours d'eau, le poisson séjourne et grandit librement; il y mûrit son frai et souvent l'y dépose; sa progéniture émigre quand la population devient trop dense, et, quand elle se met en voyage à la recherche des lieux de reproduction, elle revient plus tard à sa demeure habituelle. Dans ce dernier cas, la loi protège le poisson, même dans les cours d'eau affectés à la pêche, car elle interdit de le capturer pendant la saison des amours. Des réserves bien distribuées et surveillées, sont donc un moyen très efficace pour maintenir le peuplement des eaux.

V

REPRODUCTION ARTIFICIELLE

DES POISSONS

La pisciculture artificielle a pour but d'obtenir la fécondation d'une manière plus complète et plus parfaite que celle qui a lieu sur les frayères naturelles; de protéger les œufs et les alevins contre leurs ennemis et les causes de destruction qu'ils rencontrent dans les cours d'eau; de les placer enfin dans les conditions les plus favorables à leur développement, jusqu'au moment où l'on peut, sans danger, les abandonner à eux-mêmes.

L'expérience prouve que, de la ponte d'une truite qui peut produire 500 œufs, une cinquantaine à peine se retrouvent dans les frayères. Sur ce nombre, la moitié au moins périt avant d'avoir atteint l'âge d'un an. Dans un étang qui sert à produire la pose des carpes et qui est bien aménagé, on obtient dans des circonstances favorables de 1,000 à 1,500 alevins par femelle, alors qu'elle a pondu plus de 100,000 œufs, dont la plus grande partie aurait pu survivre.

Pour réussir par des procédés artificiels, il faut imiter le plus possible les procédés de la nature, et écarter des œufs et des alevins les causes de destruction, ainsi que les circonstances qui peuvent entraver leur développement.

1° — PONTE DES TRUITES EN LIBERTÉ

A l'approche des froids, pendant les derniers jours de l'automne, les truites recherchent des eaux à courant rapide et continu, coulant sur un fond de gravier, pour y déposer leurs œufs. La ponte commence dans la seconde moitié d'octobre et se continue jusqu'aux premiers jours du mois de mars. Plus le climat est froid, plus la fraie est précoce; elle a presque toujours lieu avant les grandes gelées.

A ce moment, l'extérieur de la truite se transforme d'une manière remarquable. Le ventre de la femelle est gonflé par les œufs, sa robe prend une teinte plus foncée, le poisson se meut avec lenteur, on dirait paresseusement. Les couleurs du mâle au contraire deviennent plus claires et plus vives, surtout au ventre et sur les flancs. Son poids diminue sensiblement. La mâchoire inférieure se relève à son extrémité. La chair du poisson perd de sa qualité, elle devient molle, filandreuse, prend un aspect livide et contracte souvent un goût désagréable.

Vieux mâles en tête, les poissons remontent le courant le plus loin possible [1]. A ce moment les mâles combattent pour la possession des femelles. Leur acharnement est tel, que souvent il en résulte la mort d'un des combattants, quelquefois celle de tous les deux. Les combats cessent lorsque les poissons se sont appariés, et dès lors les droits de l'époux ne sont plus contestés, même par des poissons de plus forte taille. Il les chasse, sans combat, des environs du lieu de la ponte, quand ils s'en approchent pour dévorer quelques œufs. Les truites établissent alors leur nid à l'endroit choisi. La femelle creuse un trou circulaire de 0^m, 30 à 0^m, 90 de diamètre et de 0^m, 18 à 0^m, 15 de profondeur. A cet effet, elle écarte le gravier avec sa queue, en remontant le courant. Elle continue son travail pendant plusieurs jours, jusqu'à ce que le nid soit achevé et suffisamment grand pour la contenir.

Lorsque tout est prêt et que la femelle se dispose à expulser une partie de ses œufs, le mâle est couché à côté d'elle pour les arroser de sa laitance, toujours émise en même temps que les œufs. A ce moment, les poissons font des mouvements particuliers. Faisant tête au courant, ils se courbent et redressent la partie antérieure du corps, en même temps qu'ils frottent le ventre contre le gravier et avancent d'environ un tiers

1. Seth Green, *Troutculture*, p. 61.

de leur longueur [1]. Très souvent le mâle et la femelle sont couchés l'un à côté de l'autre, les ventres rapprochés, pendant que leurs têtes se soulèvent doucement. Ils atteignent ainsi une position presque verticale, au moment de l'émission des œufs et de la laitance. L'opération terminée, ils se quittent. Le mâle se cache pendant une dizaine de minutes dans quelque retraite abritée, et la femelle couvre les œufs avec du gravier, qu'elle ramène à l'aide de sa queue et de ses nageoires ventrales. Puis le mâle revient inspecter la frayère. Il mange quelques œufs qui ne sont pas couverts et retourne dans sa cache. La ponte se répète à plusieurs reprises et de la même manière, au fur et à mesure que les œufs arrivent à leur maturité ; ordinairement elle dure de trois à six jours selon la température [2]. La frayère achevée peut être comparée à une taupinière plate de $0^{m},30$ à $0^{m},40$ de hauteur. Elle contient souvent une brouettée de gravier et est bordée par un fossé. Les œufs sont répandus à peu près également au milieu du gravier, qui les recouvre quelquefois sur une hauteur de $0^{m},35$ à $0^{m},40$.

Après la fraie, bien des germes de vie nouvelle reposent dans le gravier des ruisseaux, et il n'y aurait pas lieu de se préoccuper de la multiplication des poissons, si de nombreux dangers

1. Slack, *Practical Troutculture*, p. 59.
2. Frank Buckland, *Nat. hist.*, 301.

n'environnaient pas toutes ces jeunes existences. Des essaims de poissons de toute espèce explorent continuellement les bas-fonds pour dévorer les œufs et les jeunes poissons qui viennent d'éclore. D'autres couples arrivent pour frayer et déposer leurs œufs à la même place. Ils détruisent l'ancienne frayère, découvrent les œufs en creusant leur nid, et les dévorent avec délices.

Quelques œufs ont échappé à la fécondation, d'autres ne sont pas recouverts de gravier et sont entraînés par les eaux. Des crues emportent les frayères ou les couvrent de vase qui étouffe les embryons, ou bien encore elles rendent la ponte impossible. La baisse des eaux met les œufs à sec et les fait périr. Puis arrivent les oiseaux pêcheurs, les dytiques, les larves des éphémères, les rats d'eau et d'autres destructeurs, qui accomplissent leur œuvre pendant la longue durée de l'incubation. A considérer toutes ces causes de perte, qui s'ajoutent à l'effet d'une pêche sans trêve, il n'est pas étonnant de voir décliner rapidement la population des cours d'eau ; il faut admirer plutôt que la truite n'en ait pas complètement disparu.

2° — CHOIX DES REPRODUCTEURS

Le succès des opérations de la pisciculture artificielle dépend en grande partie du choix des reproducteurs. On n'emploiera que des poissons sains, de belles formes, pas trop gras, et on rejettera impitoyablement tous les sujets qui présentent le moindre défaut. Il est essentiel que les œufs soient complètement mûrs aussi bien que la laitance, et qu'ils ne soient pas gâtés par suite d'un retard apporté à la parturition. Fécondations trop hâtives ou trop retardées, dans les deux cas, on n'obtient que des résultats imparfaits. Là où des pêches abondantes fournissent un grand nombre de femelles mûres, comme c'est le cas pour les aloses, les ombres chevaliers, les truites des lacs et les corégones, il est facile de se procurer sur place un grand nombre d'œufs fécondés. On peut même se servir des poissons morts pendant la pêche, parce que les œufs, ainsi que la laitance, conservent pendant plusieurs jours leurs facultés de reproduction, à condition de rester dans l'intérieur du poisson.

Il est moins aisé de se procurer des œufs fécondés de saumon et de truites de rivière, et il arrive parfois que la laitance manque, surtout à la fin de la saison des amours, quand les mâles, en nombre insuffisant, se sont prématurément épuisés [1]. Dans les contrées où l'on a pratiqué la fécondation artificielle pour le peuplement des eaux, ce sont plutôt les femelles qui font défaut. En Angleterre, on prend souvent 7 à 8 mâles pour une femelle, et en Bohême la proportion atteint le double [2]. La rareté croissante des femelles a été constatée aussi dans le lac de Zurich, dont le peuplement artificiel est l'objet des soins de l'établissement de pisciculture de Meilen, fondé depuis plus de vingt ans.

On agira donc sagement en capturant le poisson avant l'époque de la fraie, et en le conservant dans des viviers fortement alimentés d'eau fraîche et pure, jusqu'à l'heure propice pour la fécondation. Les gros saumons sont attachés quelquefois dans les eaux où on les a pris, au moyen d'une corde passée à travers les ouïes, et conservés vivants pendant plusieurs semaines. Les reproducteurs de truites sont placés dans des viviers spéciaux, à fond lisse et exempt de gravier, où on vient les examiner de temps en temps. Pour peu qu'il y ait de gravier sur le sol du vivier, les truites mûres se mettent à frayer et les

1. Frank Buckland, *Fish hatching*, p. 292.
2. Fric, *loc. cit.*, p. 6.

œufs sont perdus ou dévorés. Les poissons doivent être examinés fréquemment, quand approche la saison de la fraie : une fois au moins tous les trois ou quatre jours, surtout si le temps est doux.

Les femelles seront saines et bien nourries ; les gros œufs sont généralement meilleurs que les petits ; les étés chauds leur sont plus favorables que les étés froids et humides. A l'âge de deux ans, la femelle de truite commence à pondre et peut fournir de 200 à 400 œufs. Quand elle est plus âgée, on compte, en moyenne, sur 2,000 œufs par kilogramme de poisson, et la même proportion se retrouve pour le saumon. Pour les fécondations artificielles, opérées avec la main, il est préférable de se servir de truites dont le poids ne dépasse pas 1 kilogramme. Elles ne se blessent pas aussi facilement que les sujets plus gros, et on est moins exposé à les perdre par suite des opérations de la fécondation artificielle.

3° — LA RIGOLE-FRAYÈRE

Spawning-race [1].

On nomme rigole-frayère un canal, en forme de ruisseau d'eau vive, placé à l'amont de l'étang à truites, ou du vivier où l'on conserve les reproducteurs. Il attire les poissons quand ils sont mûrs et prêts à frayer, par les facilités qu'il leur offre pour la ponte.

L'installation de la rigole est différente selon les services qu'elle est appelée à rendre.

Tantôt elle sert à capturer les poissons au moment précis de la maturité des œufs, pour les faire servir aux fécondations artificielles ; tantôt elle reçoit le dépôt des œufs fécondés naturellement, qu'on y récolte par différents procédés, pour les faire incuber ailleurs ; tantôt enfin, elle fonctionne comme une frayère naturelle, d'où l'on éloigne les reproducteurs après la ponte, et où

1. SLACK, *loc. cit.*, p. 58, et LIVINGSTON, STONE, *Domesticated Trout*, p. 165.

les petits poissons éclosent et peuvent séjourner pendant la première année.

Tous les étangs qui renferment des truites capables de se reproduire, doivent être pourvus de rigoles-frayères, préparées avec le plus grand soin, afin d'attirer les truites et d'éviter des pertes d'œufs. Leurs parois seront construites en briques et ciment, de préférence à tous autres matériaux, pierres, planches, terre ou gazon. Excepté dans

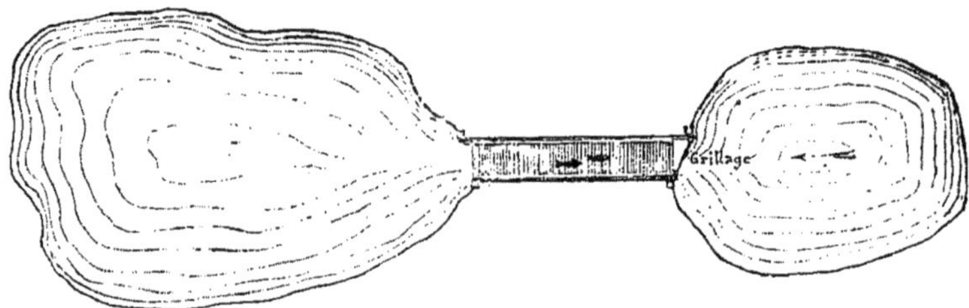

Fig. 44. — Rigole-frayère.

l'étang d'alevinage, où la truite passe sa première année, le fond du bassin ne doit nulle part être graveleux, pendant que la rigole sera bien garnie de gravier purgé, tel qu'il convient pour les frayères. La pente de la rigole sera d'environ 0m,025 par mètre, afin de provoquer un courant rapide, et son fond se raccordera avec celui de l'étang, parce qu'un ressaut brusque inspire des défiances aux truites. Lorsque la pente est trop considérable et qu'elle résulte de la déclivité naturelle du sol, on la brise par une série de déversoirs, établis en travers du canal et munis chacun d'une échancrure, de manière à représenter une échelle. Les échancrures sont disposées alternativement à droite et à gauche des déversoirs ; les remous qui se produisent à leur pied attirent les poissons et les provoquent à remonter d'un compartiment dans l'autre. Les dimensions des rigoles peuvent varier. On leur donne une largeur de $0^m,60$ à 1^m 60 et au moins 4 mètres de longueur ; la profondeur du courant y varie de $0^m,15$ à $0^m,35$, selon qu'on peut les alimenter d'eau avec plus ou moins d'abondance.

A l'approche de la saison de la fraie, on nettoye soigneusement la rigole et on y étend une couche de gravier purgé, d'au moins $0^m,10$ d'épaisseur. Ce gravier doit provenir de carrières sèches, sinon, il doit avoir passé au moins un été au soleil et à l'air, afin de se débarrasser des larves d'insectes destructeurs ou de tout autre élément d'insuccès qu'il pourrait contenir. On couvre la rigole d'un plancher mobile, muni au besoin de charnières et de contrepoids, qui permettent de la découvrir sans effort. Ce plancher sera soigneusement entretenu et revêtu d'une couche de peinture au goudron minéral.

Lorsque la rigole doit servir à capturer les poissons reproducteurs arrivés à maturité, on la munit à ses extrémités de vannes, qui permettent de l'isoler et de la mettre à sec. Derrière la vanne d'aval, on pratique une fosse d'environ $0^m,60$ de largeur et $0^m,20$ de profondeur, où viennent se rassembler les poissons quand on ferme les issues et que l'alimentation d'eau s'arrête. On les en retire avec une truble.

Lorsqu'on établit des rigoles-frayères, on se propose, le plus souvent, de substituer la fécondation naturelle à la fécondation artificielle des œufs de truites. Les poissons y fraient dans les meilleures conditions, et des dispositions ingénieuses, aujourd'hui très souvent employées en Amérique, permettent de récolter les œufs fécondés de la manière la plus aisée et la plus complète.

M. Ainsworth a imaginé de placer dans la rigole une caisse en planches qui en occupe toute la largeur. Dans l'intérieur de la caisse, des taquets fixés contre les parois portent deux cadres superposés, qui bordent des treillages en toile métallique. Les mailles du treillis supérieur sont assez larges pour livrer facilement passage aux œufs fécondés. Ils tombent sur le treillis inférieur, placé à environ $0^{m},08$ plus bas, où ils sont arrêtés par les fines mailles de la toile métallique. Sur $0^{m},10$ d'épaisseur, le cadre supérieur est recouvert de gravier de la grosseur d'une noix, telle qu'il ne puisse pas passer à travers les mailles. Les truites se rendent sur ce gravier, l'écartent pour faire leur nid et fraient sur le treillis. Presque tous les œufs tombent, et en remuant les pierres pour les recouvrir, les truites font descendre sur le treillis inférieur presque tous ceux qui auraient pu demeurer dans la frayère. On les récolte en enlevant d'abord le cadre supérieur avec le gravier et ensuite le cadre inférieur. L'application de ce procédé exige une certaine main-d'œuvre et présente au moment de la récolte l'inconvénient de déranger les truites occupées à frayer. Cependant

Fig. 45. — Appareil de M. Ainsworth.

les résultats qu'on obtient égalent, quant à la proportion des œufs fécondés, ceux que donnent les meilleures fécondations artificielles ; mais celles-ci font courir au poisson et au frai des dangers, qu'on évite complètement par l'emploi de l'appareil de M. Ainsworth. (Fig. 45.)

M. Collins a perfectionné cet appareil de la manière la plus heureuse.

Le cadre supérieur reste fixe et peut dès lors recevoir de grandes dimensions. Il est partagé en compartiments capables, chacun, de recevoir un couple de poissons. Ces compartiments communiquent entre eux au moyen d'échancrures demi-circulaires se faisant face sur les côtés des compartiments, dans le sens du courant. La toile inférieure est sans fin ; elle repose sur des rouleaux actionnés par un engrenage à axe vertical, de telle façon qu'on puisse la faire avancer ou reculer. En avant de cette toile mobile, à l'aval, on place un cuveau armé de tiges verticales, qui permettent de le soulever et de le retirer de l'eau. On voit qu'il suffit de faire avancer la toile mobile, pour faire tomber dans le cuveau les œufs qu'elle a recueillis. Il reste à retirer ce dernier et à les récolter. Le cuveau est placé à environ $0^{m},03$ de l'extrémité de la toile mobile, de telle sorte que les gravois qui ont pu y arriver de la toile supérieure, tombent en dehors du cuveau, où l'eau n'entraîne que les œufs fécondés. L'accès de la toile inférieure est interdit aux truites par des grillages qui ferment l'appareil vers l'amont et couvrent le cuveau en aval. (Fig. 46 et 46 *bis*.)

L'emploi de l'appareil Collins se généralise de plus en plus en Amérique, à cause des grands avantages qu'il présente. En un quart d'heure, un seul homme peut opérer une récolte pour laquelle l'appareil Ainsworth exigerait une demi-journée de travail de deux hommes. Dans ce dernier, le poids du gravier à soulever n'est pas sans créer des difficultés, et expose les œufs à

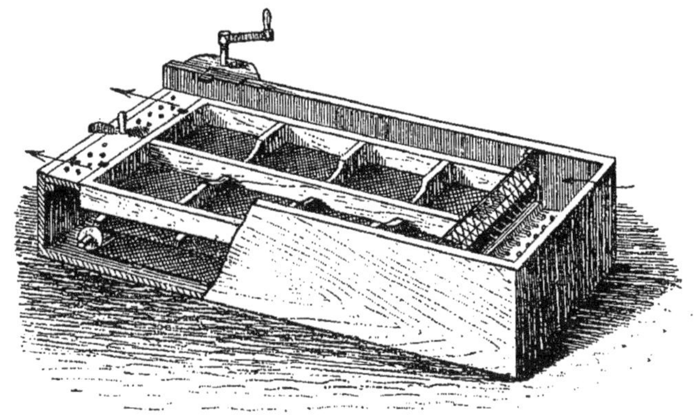

Fig. 46. — Appareil Collins.

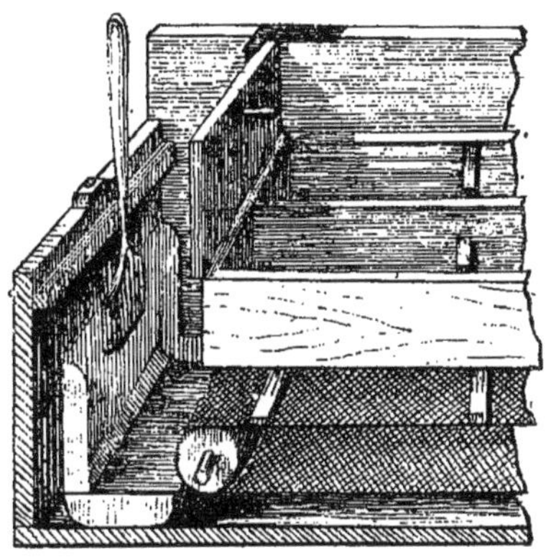

Fig. 46 *bis*. — Appareil Collins.

subir des influences fâcheuses, pendant la manœuvre. Dans l'appareil Collins, le gravier reste en place. Les poissons qui y fraient ne sont pas dérangés et peuvent continuer la ponte, pendant qu'on récolte le frai. Enfin, avec l'appareil Ainsworth, on se mouille nécessairement les mains pendant la saison froide, et l'on peut devenir inhabile aux soins nécessaires pour faire la récolte des œufs. Ces derniers sont exposés eux-mêmes à subir les atteintes du froid et à éprouver des pertes. Avec l'appareil perfectionné tous ces inconvénients disparaissent.

Les essais tentés en Amérique avec ce nouvel engin ont donné, sans exception, les meilleurs résultats. Son emploi tend à s'y substituer complètement à la fécondation artificielle. Les éclosions obtenues des œufs qu'on en a retirés ont procuré des résultats bien supérieurs à ceux de tous les autres procédés.

Quelquefois les rigoles-frayères déversent leurs eaux dans de petits bassins qui communiquent avec l'étang à truites, et peuvent en être isolés au moyen de vannages grillés. Les petits bassins peuvent alors recevoir le produit des éclosions et l'abriter pendant la première année. Il est difficile cependant d'en écarter complètement tous les poissons adultes.

4° — FÉCONDATION ARTIFICIELLE DES ŒUFS LIBRES

Habituellement on obtient les œufs fécondés en frottant avec la main le ventre d'un couple de poissons mûrs, et en mêlant ensemble, dans de l'eau, les œufs et la laitance obtenus. Le procédé n'a rien de difficile, mais pour le pratiquer convenablement, il exige de l'adresse et de l'habitude.

On ne doit récolter les œufs que lorsqu'ils ont atteint leur pleine maturité, il ne faut jamais, à ce moment, ajourner les opérations. Les premiers œufs sortant d'une femelle qu'on a trop longtemps gardée en vivier, sont infécondables. Avant leur maturité, ils sont renfermés dans deux poches qui finissent par crever et les laissent échapper dans la cavité abdominale. Ils sortent alors sous la moindre pression du doigt, et, pour obtenir la ponte, il suffit souvent de placer le poisson dans la position curviligne qu'il prend au moment de la fraie. Aussi longtemps que les œufs ne sortent pas aisément de l'anus, qu'on peut extérieurement les apercevoir rangés en ligne et que le ventre est dur et résistant, le frai n'est pas à point. Il en est de même de la laitance, elle n'est mûre que lorsqu'elle coule sans effort. On reconnaît la maturité aux indices suivants : le ventre est mou, le pourtour de l'anus est gonflé sous forme de bourrelet rouge et les œufs commencent à sortir, pour peu que l'on place le poisson dans une position approchant de la verticale. On sent alors les œufs se déplacer sous la plus légère pression des doigts.

Les œufs sains et mûrs sont transparents, sans taches et ne blanchissent pas l'eau qui les reçoit[1]. Les œufs altérés ont des teintes louches et sont affectés quelquefois d'opacité. Leur transparence n'est pas parfaite et la mucosité qui les entoure blanchit et trouble l'eau où on les plonge. Ces œufs doivent être rejetés. Parmi ceux qui ont bonne apparence, tous ne sont pas toujours fécondés. Pendant environ 20 jours, ces œufs stériles restent clairs et ne peuvent se distinguer des autres que par leur poids, qui n'a pas augmenté. Après ce temps, ils deviennent opaques et se gâtent rapidement.

Pour procéder à la fécondation, on enlève les poissons des viviers et on les place dans des cuveaux larges et bas, remplis d'eau fraîche, en séparant les sexes. Les œufs sont reçus dans des

1. Coste, *Instructions pratiques pour le repeuplement des eaux.*

cuvettes plates, dans des plats, ou dans des assiettes creuses en faïence, en verre, en métal ou en bois. Avec le pouce et l'index de la main gauche on saisit le poisson derrière les ouïes, et de la main droite on maintient sa queue, derrière l'anus. (Fig. 47.) On le fait sortir vivement de l'eau, on le couche à moitié sur le flanc et on le place au

Fig. 47. — Fécondation artificielle des œufs.

dessus de la cuvette, dans un angle d'environ 45 degrés, l'anus étant placé tout près du fond. Ensuite on le recourbe en forme d'un S et on laisse couler les œufs, en augmentant peu à peu la courbure du poisson. Quand il n'en sort plus, on presse légèrement les flancs, entre le pouce et les autres doigts de la main droite, que l'on fait glisser de la tête vers la queue, autant de fois que cela est nécessaire.

Il arrive parfois qu'une première tentative est sans résultat, et que la femelle retient ses œufs par de violentes contractions. Il ne faut, dans ce cas, rien brusquer, mais attendre. Un changement de position, une immersion complète et quelques légères frictions opérées sous l'eau, suffisent ordinairement pour faire cesser, en quelques secondes, cet état spasmodique. Les œufs coulent alors sans difficulté.

Quelquefois une grosse truite se défend avec vigueur et ne permet l'opération qu'au risque de la blesser. Dans ce cas, on l'accroche à un hameçon, dont on a soigneusement limé la barbe, et on la maintient dans un cuveau rempli d'eau au moyen d'une corde d'environ 1m,20 de longueur, attachée d'un côté à l'hameçon, et de l'autre, à une verge flexible et élastique de la même longueur. En peu de temps, l'animal épuise ses forces et se laisse manier sans difficulté.

Les œufs sont reçus dans une petite quantité d'eau, qui ne doit pas les dépasser de plus de 0m,05; ils sont étendus sur le fond, sans se recouvrir mutuellement. Si l'eau a été souillée par d'abondantes mucosités ou par les déjections de la femelle, il faut la changer immédiatement, avant de procéder à la fécondation.

Puis on saisit le mâle et on en extrait quelques gouttes de laitance, dont on facilite la dispersion sur les œufs, en imprimant, soit avec la main, soit avec une barbe de plume, soit même avec la queue du poisson, une légère agitation à l'eau, qui prend alors une faible teinte opaline.

La laitance doit être de la couleur, de la consistance et de la fluidité de la crême. Elle est altérée quand elle a une teinte jaunâtre. Si on est obligé d'employer la force pour la faire sortir, elle n'est pas mûre et ne peut donner aucun résultat. Il est des mâles qui sont stériles et ne donnent jamais de bonne laitance. Il convient de les isoler et d'en disposer pour la consommation.

Un seul mâle fournit assez de laitance pour féconder les œufs de plusieurs femelles : avec une goutte de laitance, on peut féconder 2,000 œufs!

Dans aucun cas, il ne faut recourir à l'emploi de la force. Si, par des frictions trop rudes, on enlevait la mucosité qui tapisse le corps du poisson, elle favoriserait plus tard la formation du byssus et amènerait la perte des œufs. Il faut éviter aussi de comprimer trop fortement le ventre, près des ouïes, parce qu'on pourrait produire des lésions intérieures qui deviendraient mortelles. Si le poisson se défend et fait des mouvements désordonnés, il suffit souvent de lui maintenir le doigt pressé contre le ventre, et sa résistance même facilitera, dans ce cas, la sortie des œufs.

Il faut beaucoup d'adresse pour maintenir convenablement un poisson, et, quand il est de forte taille, le concours de deux personnes est indispensable. D'après Fric [1], en Bohême, on assujettit le reproducteur, soit dans un morceau de bois, creusé de telle façon que le ventre seul reste libre, soit, quand il est de grande taille, entre deux planchettes reliées par des courroies. Les dimensions de ces appareils varient naturellement avec celles des poissons. M. Buckland [2] maintient les gros poissons dans des serviettes en toile forte, pour leur éviter des blessures.

Si on ne procède pas avec beaucoup de précautions, on peut, pendant la récolte du frai et sa fécondation, faire périr beaucoup de poissons. On doit opérer posément, sans violence comme sans précipitation, et tenir les mains mouillées, afin de ne pas enlever la mucosité qui couvre les écailles.

Au bout de quelques minutes, la fécondation est accomplie. On peut la favoriser en imprimant au vase une légère secousse (une seule !). Puis on change l'eau et on place les œufs dans les appareils d'incubation.

Autrefois, on opérait les fécondations artificielles en munissant le récepteur d'une couche d'eau de $0^m,05$ à $0^m,10$ de profondeur. On y recevait la laitance et les œufs, qu'on mélangeait dans le liquide. Depuis environ quinze ans, on a remarqué qu'on obtenait des résultats d'autant plus parfaits qu'on employait moins d'eau.

1. Fric, *loc. cit.*, p. 18.
2. Buckland, *Nat. hist.*, p. 292.

Seth Green [1] raconte que lors de ses premiers essais, en 1864, il prenait beaucoup d'eau et peu de laitance, et n'obtenait que 25 pour 100 d'œufs fécondés. Plus tard, il réduisit la quantité de liquide à un minimum et obtint 95 pour 100. Il s'est ainsi rapproché de la méthode sèche, qu'on nomme le *procédé russe*, parce qu'un pisciculteur de Nikolsk, nommé Wrassky, en a fait déjà usage en 1856.

D'après Slack [2], ce procédé s'expliquerait de la manière suivante. Quand les œufs sortent au jour, ils ont une apparence ridée, qui semble indiquer que leur enveloppe est trop grande pour le contenu. Ils se remplissent d'eau par endosmose. Jusqu'alors, les œufs sont en quelque sorte aplatis et agglutinés par la cohésion. Ils se détachent les uns des autres en se remplissant, et deviennent parfaitement libres quand ils ont pris la forme sphérique. Ils restent fécondables pendant tout le temps qu'ils mettent à se gonfler, parce que les spermatozoaires, qui pullulent dans la laitance, y pénètrent avec l'eau et ne peuvent plus y parvenir lorsque l'œuf est plein d'eau.

Les spermatozoaires sont des êtres microscopiques, qui ressemblent à des têtards et fourmillent dans la laitance en quantités innombrables. Ils se meuvent dans l'eau, avec une rapidité extrême, mais n'y vivent que peu de temps. La

1. *Forest and stream*, II, p. 68.
2. Slack, *loc. cit.*, p, 83.

laitance n'est féconde qu'autant que ces petits êtres restent en vie. Dans l'eau les œufs restent fécondables pendant environ une heure, alors que la laitance ne peut pas servir pendant plus de dix minutes. Par contre, elle reste vivante durant deux jours si on la conserve pure dans des flacons bien bouchés. En 1867, on a obtenu à Huningue 45 pour 100 d'œufs fécondés, en faisant usage de laitance de truites recueillie à Wurtzbourg, qui avait mis quarante-deux heures pour faire le trajet.

Après la fécondation, les œufs demandent à être constamment baignés dans de l'eau bien aérée, sans toutefois qu'il se produise un courant capable de leur imprimer des mouvements. Au commencement, et durant trois jours, ils augmentent sensiblement de densité, en absorbant de l'oxygène. En soixante-dix heures, ils gagnent 5 pour 100 de leur poids. A partir du troisième jour, l'augmentation de poids journalière décline rapidement et s'arrête. Le poids diminue, au contraire, à partir du jour où le poisson commence à apparaître tout formé dans l'œuf. Lorsqu'on connaît l'heure à laquelle une certaine quantité d'œufs ont été fécondés, on peut par une simple pesée, exécutée pendant les premiers jours, reconnaître combien il y a, dans la masse, d'œufs non fécondés. Ce procédé servait autrefois, à l'établissement de pisciculture de Huningue, à contrôler la qualité des œufs expédiés par des pêcheurs, qui n'avaient pas pu être surveillés pendant l'opération de la fécondation artificielle. Quelquefois, manquant de mâles, on expédiait des œufs non fécondés, qui étaient refusés à l'arrivée.

Voici comment on procède pour la fécondation à sec, recommandée depuis longtemps par MM. Chavanne, de Lausanne, et C. Vogt, de Genève. On reçoit les œufs à sec dans un plat, jusqu'à ce que le fond en soit couvert par une seule couche. On y répand la laitance et on remue très doucement avec les barbes d'une plume, ou avec la queue du mâle, jusqu'à ce que le mélange soit complet. Cela fait, on ajoute de l'eau au point qu'elle recouvre les œufs de $0^{m},05$. On remue de nouveau et on attend pendant 15 à 45 minutes, que les œufs se soient complètement gonflés et soient devenus libres. Pendant ce temps la température de l'eau ne doit pas changer. Puis on les lave et on les étale dans les appareils d'incubation.

Quand on ne dispose que de très peu de laitance on modifie la manière de procéder. Dans ce cas, on la recueille dans un flacon, on y ajoute rapidement un peu d'eau et on secoue pendant quelques secondes. Ensuite on arrose les œufs récoltés à sec, on remue et on lave, comme par la méthode précédente.

La fécondation à sec a l'avantage de procréer un plus grand nombre de femelles que le procédé primitif. Ce dernier donne un si grand excès de mâles, qu'il peut en résulter un dépeuplement des rivières artificiellement empoissonnées [1]. Par contre, le procédé Wrassky a donné dans le canton de Vaud un grand excès de femelles [2].

Les œufs nouvellement fécondés, emballés dans de la mousse, et enveloppés de linges humides, ou placés dans des vases remplis d'eau, peuvent être transportés à de grandes distances, à condition que ce soit avant le sixième jour après la fécondation. Il faut alors que les couches superposées ne se trouvent pas entre elles en contact immédiat, que des corps élastiques les protègent contre les chocs, et qu'un double emballage les préserve des rapides variations de la température. Une secousse brusque, un changement subit de température de 10 degrés centigrades, peuvent faire perdre tous les œufs de l'envoi.

1. FRIC, *loc. cit.*, p. 9. — Vicomte DE BEAUMONT, *Études théoriques et pratiques sur la Pisciculture*, p. 161.

2. Renseignements obtenus à Lausanne le 12 juin 1879 : 86 mâles sur 598 femelles de truites des lacs.

5° — FÉCONDATION ARTIFICIELLE DES ŒUFS ADHÉRENTS

Pour la fécondation artificielle des espèces dont les œufs adhèrent aux corps sur lesquels ils tombent, on procède exactement de la même manière que pour celles dont les œufs sont libres, sauf que le récepteur est disposé d'une manière différente.

Dans les vases destinés à recevoir les œufs, on dispose des plantes aquatiques, des paquets de bruyères, des joncs, du chevelu de racines, etc., de manière à les en garnir complètement. On recouvre les branchages d'eau et on y fait couler de la laitance qu'on mêle rapidement. Puis on fait sortir les œufs, qu'on disperse uniformément sur les plantes où ils se collent, et on ajoute de nouveau de la laitance. On agite doucement et on laisse séjourner une ou deux minutes. Puis on enlève la frayère et on la remplace par une autre, en ayant soin de changer l'eau à chaque opération.

Les branchages garnis d'œufs sont placés dans des bassins à éclosion, où ils sont couverts d'environ $0^m,10$ d'eau. Les carpes éclosent 6 à 8 jours après la fécondation.

Il faut avoir grand soin que l'eau dont on se sert soit à une température convenable, et qu'elle marque, par exemple, 16 à 18 degrés pour les tanches, 20 degrés pour les carpes, etc. Sans cette précaution, l'insuccès est certain. Le soleil doit avoir accès aux bassins d'éclosion, et la température y doit être maintenue, le plus possible, la même que celle qu'exigeait la fécondation. C'est à l'oubli de ces précautions qu'on doit attribuer les échecs, à peu près constants, qu'ont éprouvés les pisciculteurs allemands, quand ils ont abordé la reproduction artificielle des carpes [1].

1. ACKERHOF, *Exploitation des étangs et des cours d'eau* (1869), p. 56. — DELIUS, *l'Exploitation des étangs* (1875), p. 60. — DALLMER, *Journal des pêches allemandes*, Stettin (1879), n° 8.

6° — INCUBATION EN PLEINE EAU

Pour introduire de nouvelles espèces dans un cours d'eau, ou pour repeupler des eaux appauvries, on se borne quelquefois à y semer des œufs libres, sur un fond de gravier, et à y transporter les herbes et branchages chargés de frai adhérent, qu'on fait éclore le long des berges, dans des expositions favorables. Par ce procédé on éprouve des pertes inévitables, parce que le frai et les alevins restent exposés à tous les dangers que leur font courir les éléments, aussi bien que les animaux ichthyophages.

Pour arriver à l'éclosion, les œufs fécondés demandent tous un certain temps, dont la durée est extrêmement variable selon les espèces. La température y joue un rôle important : les éclosions sont d'autant plus hâtives qu'elle est plus élevée. Avec de l'eau d'une température constante de 10 degrés centigrades on obtient des éclosions de truites en 40 jours. A 1 degré centigrade, la durée de l'incubation est de 120 jours, soit près de 9 jours de plus pour chaque degré centigrade de moins. A la température de la glace fondante on peut prolonger la durée de l'incubation pendant 5 à 6 mois. L'œuf alors semble dormir et peut se transporter à tous les points du globe, sans s'altérer. Toutefois, on devra trier de temps en temps les œufs qui sont gâtés, afin d'en empêcher l'envahissement par le byssus.

Comme les jeunes poissons, obtenus des œufs de truite, doivent vivre plus tard dans des eaux déterminées, on fait bien de les faire incuber à la température habituelle de ces eaux dans les rivières mêmes et près des frayères naturelles, où elle se maintient presque toujours très fraîche. Si on a soin de choisir des œufs qui ont été fécondés à l'époque même à laquelle dans ces cours d'eau les truites libres déposent leur frai, on obtient des jeunes poissons au moment où la vie commence à se développer dans l'eau, par l'effet de la chaleur, et l'alevin ne court plus le danger de mourir d'inanition.

Au lieu d'abandonner les œufs aux hasards de la nature, on les abrite dans des appareils spéciaux. Ils se composent généralement d'une caisse rectangulaire, de 2 à 3 mètres de longueur, sur $0^m,45$ à $0^m,60$ de largeur et $0^m,35$ de profondeur. Elle est fermée par un couvercle qui permet d'en visiter le contenu et présente, aux deux bouts opposés au courant, des ouvertures placées à $0^m,10$ au-dessus du fond, et garnies de toiles métalliques, dont le tissu est assez serré pour empêcher les insectes de pénétrer dans la caisse, sans entraver la circulation de l'eau.

Une couche de gravier fin est étendue sur le fond. On y sème les œufs, de façon qu'ils soient également répartis, sans se toucher ni se recouvrir les uns les autres. Ce gravier ne doit pas provenir d'un cours d'eau où il aurait pu s'infecter de germes ou de larves d'insectes destructeurs, mais d'une carrière à ciel ouvert. Si on est obligé de le tirer du lit d'une rivière, il faut, avant l'emploi, le chauffer au four ou, au moins, le passer à l'eau bouillante, afin de le purger. Les caisses ainsi préparées sont immergées dans l'eau et amarrées à des endroits où le courant, suffisamment rapide, amène de l'eau vive et aérée et la renouvelle à chaque instant.

Il y a plus de cent ans que ce procédé a été employé par Jacobi et il donne de bons résultats [1]. Mais il a l'inconvénient de rendre difficiles les vérifications, ainsi que le triage des œufs gâtés, et il expose les caisses aux dangers des crues subites. On l'emploie aujourd'hui, surtout quand on veut faire éclore des œufs qu'on reçoit tout embryonnés, et qu'on ne dispose pas d'une installation spécialement appropriée aux éclosions.

Au lieu de caisses rectangulaires on emploie avec succès des auges circulaires en terre cuite, criblées de trous à leur pourtour et sur le cou-

1. Voir à l'*Appendice*, p. 275, le mémoire de Jacobi publié par Duhamel en 1772.

vercle, qui ont été inventées par M. Koltz [1], ou bien des corbeilles en toile métallique, à fond plat, qu'on place dans une rigole à courant ra-

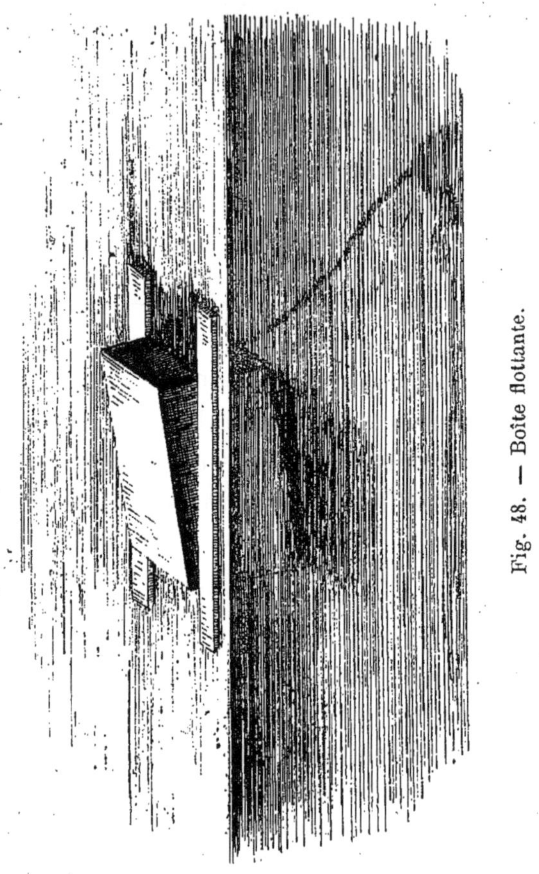

Fig. 48. — Boîte flottante.

pide. En place de gravier, pour recevoir les œufs, on se sert souvent de claies formées de cadres en bois dur où sont enchâssées des baguettes de

1. Koltz, *Traité de pisciculture pratique*, p. 114.

verre. Ce ne sont là que des variantes d'un même système, qui est excellent, lorsqu'on a soin de bien surveiller la marche de l'incubation.

En Amérique, on reproduit artificiellement une variété d'aloses spéciale à cette partie du monde. Les œufs de ce poisson ont besoin d'une température élevée et périssent quand elle s'abaisse de 5 degrés centigrades, comme cela arrive près des bords des fleuves. Il faut donc opérer en pleine rivière et à la surface de l'eau. M. Seth Green a imaginé d'employer des boîtes flottantes de 0^{m}, 60 de longueur et de 0^{m}, 45 de largeur et de profondeur, contenant chacune de 50,000 à 100,000 œufs. Ces œufs flottent suspendus dans l'eau. (Fig. 48.) Les caisses, sur leur fond et à leurs extrémités, sont garnies de toile métallique, recouverte de peinture au goudron. Elles sont immergées à la surface de l'eau, dans un courant dont la vitesse atteint 3 kilomètres par heure. Afin d'y susciter des remous favorables à l'incubation, les caisses sont maintenues inclinées vers l'amont, au moyen d'un flotteur. Ces remous empêchent aussi les œufs de s'agglomérer. Les éclosions ont lieu cinquante ou soixante heures après la fécondation, et la résorption de la vésicule ombilicale prend 2 à 3 jours. La température de l'eau doit dépasser 21 degrés centigrades. Ce mode de reproduction se pratique sur une grande échelle. (Fig. 49.)

On donne la liberté aux jeunes poissons, en

ouvrant les boîtes au milieu du cours d'eau, parce que sur ses bords, les vandoises, les anguilles et d'autres ennemis encore, leur font une chasse sans merci.

Afin de protéger l'éclosion des œufs adhérents, on place souvent les branchages qui en sont

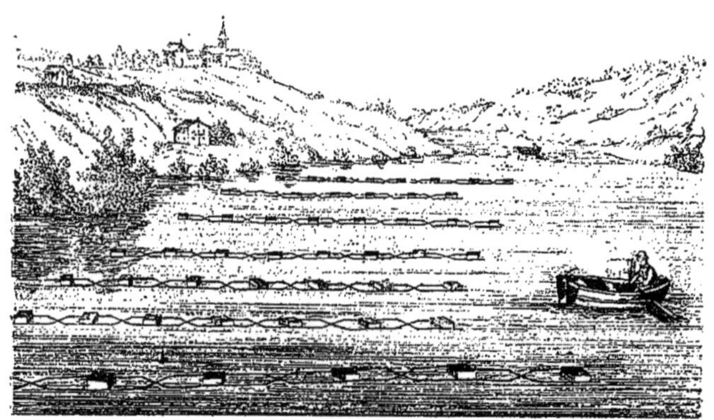

Fig. 49. — Disposition des boîtes flottantes.

chargés dans des paniers en vannerie, émergeant de l'eau par leurs bords supérieurs. On les couvre avec un couvercle à claire-voie, suffisante pour abriter le frai contre les oiseaux pêcheurs, sans empêcher l'action du soleil. Les éclosions obtenues, on immerge complètement le panier, et les petits poissons s'échappent à travers les ouvertures de la claire-voie.

7° — INCUBATION ARTIFICIELLE

Lorsqu'on a de grandes quantités d'œufs à faire incuber, qui doivent être abrités contre le froid, la neige, le vent et les pluies, un simple hangar peut suffire, à condition qu'on le puisse chauffer, et empêcher la congélation de l'eau dans les appareils, durant les grands froids.

L'emplacement choisi pour établir le hangar d'incubation devra présenter des ressources convenables au point de vue de la quantité et de la qualité de l'eau dont on y pourra disposer. On croit habituellement que l'eau de source est préférable à toute autre, pour l'incubation des œufs de la famille des salmonides. Cela n'est pas tout à fait exact. L'eau de source, joint à l'avantage d'un débit constant, celui de ne pas geler en hiver et de ne pas se troubler après les orages. Mais lorsqu'elle est employée à sa sortie du sol, elle a l'inconvénient de procurer des incubations trop rapides, à cause de sa température relativement élevée. Il en résulte des alevins de complexion délicate, tout formés et éprouvant le besoin de manger, à une époque où la saison est encore trop rigoureuse pour qu'on puisse les mettre en liberté sans danger. Les petits poissons qui proviennent d'une incubation prolongée sont toujours plus robustes et plus vigoureux. Puis les eaux de source renferment souvent de notables quantités d'acide carbonique et sont pauvres en oxygène; circonstance fâcheuse, parce que l'œuf fécondé respire dans l'eau et consomme de l'oxygène pour se développer. L'insuffisance de ce gaz peut occasionner de sensibles mécomptes. On remédie à ces inconvénients en recueillant l'eau de source dans un réservoir suffisamment spacieux, avant de la faire servir à l'incubation; elle s'y refroidit et dégage son excès d'acide carbonique. On l'aère ensuite, soit en lui ménageant des cascades, avant son entrée dans les appareils, soit en profitant d'une chute pour faire tomber une veine d'eau épanouie dans un tuyau, muni à sa partie supérieure de trous d'aspiration d'air, comme une trompe catalane. Enfin, l'eau de source renferme beaucoup moins d'infusoires et de conferves que celle des rivières, ce qui la rend moins propre au premier élevage des alevins, qui consomment ces êtres microscopiques.

L'eau de rivière se congèle facilement en hiver, mais sa basse température la rend éminemment propre à la production d'alevins alertes et bien constitués, qui arrivent à éclore pendant la saison favorable. Pour prévenir le gel dans le hangar, on le munit d'un appareil de chauffage, ou bien on l'établit à une certaine profondeur dans le sol, à la manière de ces caves où la température reste à peu près constante en hiver, voisine du point de congélation, sans jamais l'atteindre. La prise d'eau sera pratiquée près du fond de la rivière, où la température descend rarement au-dessous de 3 à 4 degrés, car alors l'eau est près de son maximum de densité. On peut ainsi se mettre à l'abri du gel malgré les rigueurs de la saison.

Souvent les eaux courantes sont légèrement chargées de matières vaseuses, qui encrassent les œufs et les étouffent. On remédie à ce défaut, en recueillant ces eaux dans un bassin suffisamment vaste pour que les matières les plus lourdes s'y déposent. L'alimentation de ce bassin s'opérera par sa partie inférieure, près du fond, et l'écoulement vers les appareils aura lieu par des issues pratiquées près de la surface. Quelques bondes de fond permettent d'enlever les dépôts et de procéder au nettoyage.

Les eaux qui proviennent du bassin de dépôt ne seraient cependant pas encore assez pures, si on ne leur faisait pas traverser des filtres de gros sable mélangé de gravier, ou des flanelles tendues sur des cadres placés en travers des rigoles d'amenée. Chaque écran de flanelle produit une petite perte de chute, et comme il est nécessaire de les nettoyer de temps en temps, et par conséquent de les sortir de l'eau, on en établit au moins trois à la suite les uns des autres, afin qu'il ne pénètre jamais d'eau limoneuse et que l'alimentation ne subisse pas d'arrêt.

La rigole d'amenée des eaux que débitent les filtres doit toujours être maintenue dans un état de parfaite propreté. On la recouvre, afin que les poussières atmosphériques ne puissent pas se déposer à la surface de l'eau. Elle peut être construite en maçonnerie, en ciment ou en terre cuite, voire en fonte de fer, avec ou sans émail, mais on doit éviter l'emploi du bois qui donne lieu à des dissolutions résineuses ou tanniques, et à des végétations de parasites, dont les spores sont délétères pour les œufs. Si, faute d'autres ressources, on est absolument obligé de recourir au bois, il faut, tous les ans, le nettoyer soigneusement à la brosse et le recouvrir d'une bonne couche de peinture au goudron minéral.

Les œufs veulent être abrités contre l'action de la lumière directe du soleil; on a donc soin de couvrir les appareils. Ces couvertures les protègent aussi contre la chute des poussières atmosphériques et les préservent des atteintes des rats et des campagnols, qui viendraient, sans cela, les dévorer pendant la nuit. Il est peu pratique de fermer le hangar complètement à l'accès du jour, et de procéder à la révision des œufs à l'aide d'une lanterne à réflecteur, comme on l'a fait quelquefois. La lumière directe seule est pernicieuse, et celle qui suffit pour soigner les œufs ne peut leur porter aucun préjudice. L'obscurité n'empêche pas la production du byssus.

Pour faire incuber les œufs abrités comme il vient d'être dit, on applique deux méthodes différentes. La première consiste à faire usage des auges préconisées par M. Coste et qui portent son

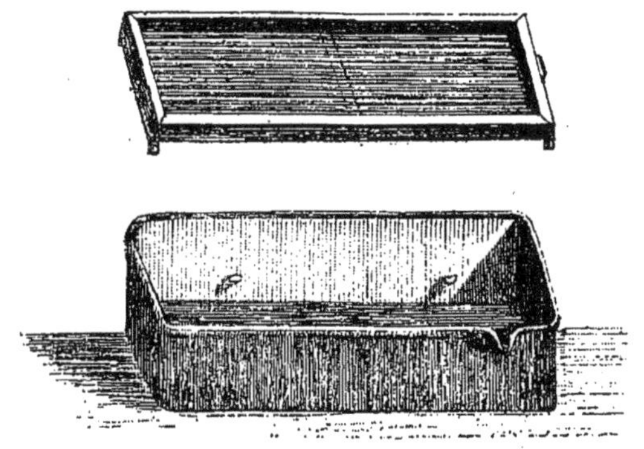

Fig. 50. — Appareil Coste.

nom; pour la seconde, on emploie des rigoles ou des tables dites d'incubation. Dans les établissements de pisciculture, on les combine souvent d'une manière très variée.

L'*appareil Coste*, inventé par M. Caron, se compose d'auges rectangulaires, en terre cuite vernissée, capables ordinairement de contenir 1,500 œufs de truites. Elles ont alors $0^{m},50$ de longueur, $0^{m},15$ de largeur et autant de profondeur. Sur leur bord supérieur, près d'un angle, se trouve placé un bec d'écoulement. L'intérieur (fig. 50) présente quatre saillies destinées à supporter les grilles qui reçoivent les œufs et que l'eau doit surmonter d'environ $0^m,05$. Ces saillies sont donc placées aux deux tiers environ de

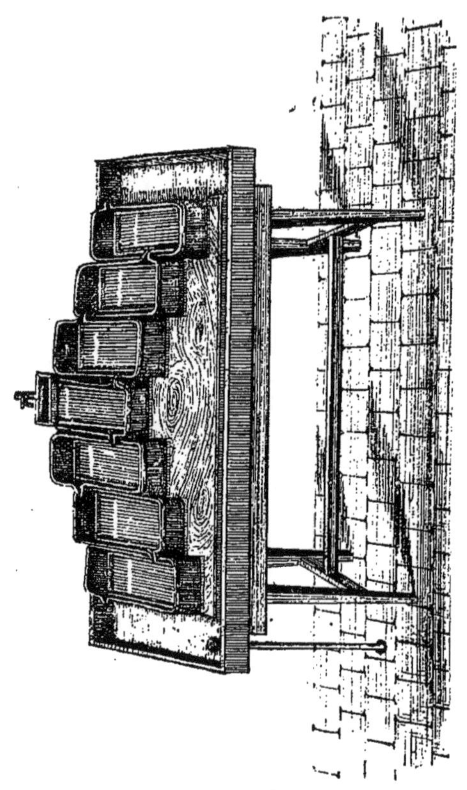

Fig. 51. — Disposition de l'appareil Coste.

la hauteur au-dessus du fond. Les grilles sont composées de cadres rectangulaires de bois, qu'on a fait bouillir dans l'eau, enchâssant des baguettes de verre de 0^m, 005 de diamètre, écartées l'une de l'autre de 0^m, 0025. Les œufs sont rangés entre ces baguettes, qui permettent à l'eau d'en baigner presque toute la surface. Les auges

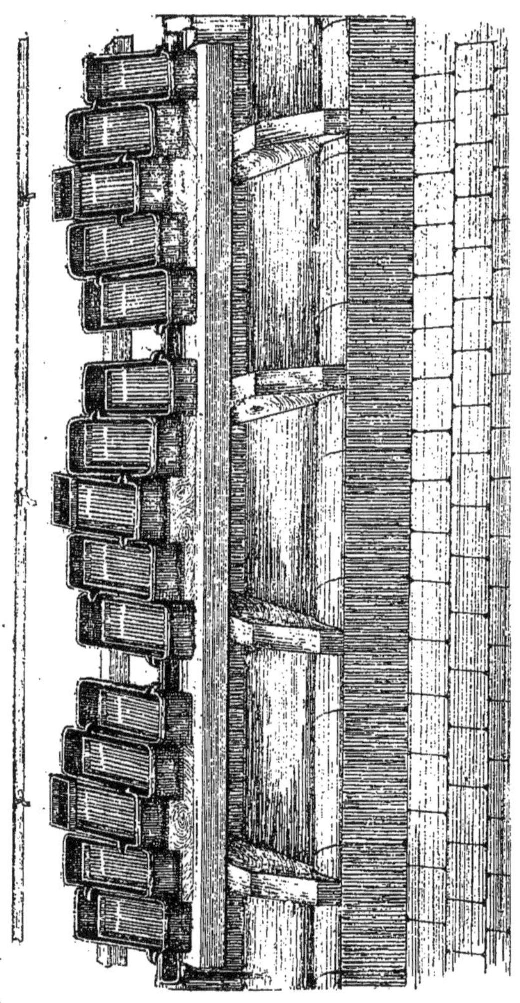

Fig. 52. — Disposition de l'appareil Coste.

sont étagées sur des gradins, de telle façon que l'auge supérieure déverse son contenu dans l'auge inférieure, d'une hauteur de 0^m, 05, et que l'écoulement de sortie ait lieu par le côté opposé à celui de l'entrée. L'eau traverse ainsi les auges dans toute leur longueur avant de se déverser. (Fig. 51 et 52.)

Ce système se prête avec une grande facilité à la révision journalière des œufs; les éclosions peuvent s'y produire sans inconvénient, et l'appareil peut être maintenu constamment dans un parfait état de propreté. Il a donné à Huningue, avant 1870, jusqu'à 96 pour 100 d'éclosions.

La seconde méthode consiste à répandre les œufs sur un lit de gravier, dont les grains ont 0m,002 à 0m,003 d'épaisseur, garnissant le fond d'une rigole parcourue par un courant d'eau vive. Ce système présente de sérieux inconvénients : il ne se prête pas au nettoiement comme les auges, et on n'en peut pas facilement enlever les œufs, soit pour les expédier au loin, quand ils sont embryonnés, soit pour les transporter dans les appareils à éclosions.

Les deux systèmes peuvent être modifiés et se combiner entre eux à l'infini. A Huningue, on a rangé des grilles en verre dans des rigoles maçonnées et aussi sur de longues tables rectangulaires à bords relevés, où elles étaient immergées de 0m, 05 Les résultats étaient très bons. La révision des œufs s'y pratiquait aussi facilement que dans les auges et l'installation était plus simple. Les tables avaient jusqu'à 8 mètres de longueur sur 0m,80 de largeur. De distance en distance on les barrait, ainsi que les rigoles, afin de produire des petites cascades, où l'eau venait se saturer d'air, après avoir baigné un certain nombre de grilles.

On peut fabriquer les auges et les rigoles avec n'importe quelle substance, pourvu qu'elle soit insoluble dans l'eau, n'y engendre pas de produits toxiques, et ne puisse rien lui faire perdre de ses qualités.

En Amérique, on donne aux tables d'incubation une pente légère pour provoquer le courant; les grilles en baguettes de verre sont remplacées par des toiles métalliques. On a imaginé aussi de superposer plusieurs de ces grilles métalliques, dans une caisse alimentée par la partie inférieure. Cette disposition économise de la place, mais elle rend la révision peu commode et expose les œufs à des accidents pendant les opérations nécessaires pour le triage et le nettoiement.

Les tables d'incubation garnies de grilles en verre se recommandent surtout pour l'incubation des œufs de corégones, qui ne réussissent pas aussi bien dans les appareils Coste. Ils sont exposés à y être influencés par les remous de l'eau provenant des cascades, qui peuvent leur imprimer de légers mouvements. Ces œufs sont fort petits et très légers. Pour les mettre à l'abri de toute impulsion, il est bon de les immerger à une profondeur d'environ $0^{m},10$, et d'alimenter la rigole avec de l'eau fortement aérée, sans toutefois que le courant produise aucune agitation, même à la surface.

Lorsque toutes ces précautions sont prises, la réussite est certaine. En 1868, l'établissement de Huningue a fait éclore plus de 3,000,000 d'œufs de féras et de lavarets, fécondés artificiellement, et les alevins obtenus ont été distribués. Au lieu de grilles en verre on peut incuber les œufs de féras sur du gravier fin, et en obtenir de nombreuses éclosions; mais il faut éviter que ces œufs se trouvent en contact avec des herbes aquatiques, ce qui amènerait des pertes inévitables et à peu près totales, comme l'ont prouvé de nombreuses expériences.

Pour mener l'incubation à bonne fin, il ne suffit pas d'abriter les œufs contre leurs ennemis et de leur fournir une eau pure, abondante et bien aérée. Il faut encore les protéger contre les causes de maladie et contre les accidents qui peuvent se produire en dehors de toute prévision. A cet effet, il faut soigneusement écarter les œufs morts. On les reconnaît à leur couleur blanche, opaque et terne, qui remplace la transparence de l'œuf vivant. En peu de temps, les œufs morts se couvrent de byssus, champignons laineux qui se répandent rapidement, envahissent les œufs voisins, et peuvent, en peu de temps, les faire périr par milliers.

Les outils qui servent à enlever les œufs morts doivent fonctionner sans qu'on touche aux œufs vivants; le plus léger mouvement, le contact seul, pourrait leur devenir fatal. On emploie la pince en fil de fer, qui a été en usage à Huningue, concurremment avec la pipette. (Fig. 53.) Cette der-

Fig. 53. — Pince en fil de fer et pipette.

nière, toutefois, sert le plus souvent à nettoyer le fond et à transvaser les œufs et les alevins. La pipette (fig. 54) se manœuvre en en bouchant une

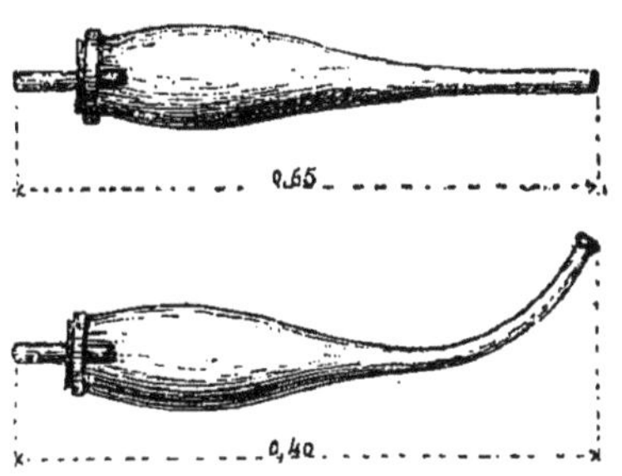

Fig. 54. — Pipette.

ouverture avec le doigt, pendant que l'autre, plongée dans l'eau, se présente devant l'objet qu'on veut enlever. En écartant soudainement le doigt, l'air sort de la pipette et l'eau s'y précipite en entraînant les objets voisins, œufs, graviers et dépôts (fig. 55). En Amérique, on a adapté à la pipette ordinaire une boule en caoutchouc, qu'on tient dans la main. A l'autre extrémité on fixe au

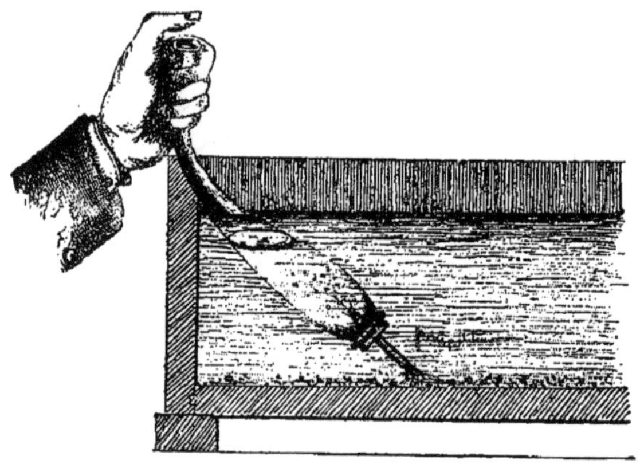

Fig. 55. — Emploi de la pipette.

moyen d'un bouchon un tube en verre recourbé, dont l'ouverture étroite, entourée d'un léger bourrelet, ne permet pas le passage d'un œuf.

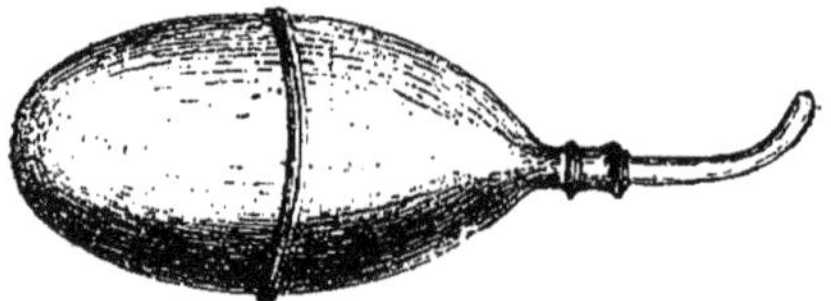

Fig. 56. — Boule en caoutchouc adaptée à la pipette.

En pressant la boule, on fait sortir l'air. Si, après cela, on présente l'ouverture du tube devant l'œuf à enlever et qu'on diminue la pression, il se colle contre le bourrelet et on en peut débarrasser la grille, sans qu'aucun œuf voisin n'éprouve de dérangement. Ce petit instrument est à la fois simple et très pratique. (Fig. 56.)

Depuis quelques années on fait usage, surtout en Allemagne, d'une auge dite *californienne*, alimentée de bas en haut, et dans laquelle les grilles sont remplacées par de la toile métallique. L'emploi de cet appareil ne nous paraît pas présenter d'avantages, aussi n'en parlons-nous que pour mémoire.

8° — TRANSPORT DES ŒUFS EMBRYONNÉS

Nous avons vu qu'on peut transporter avec facilité, à de grandes distances, les œufs nouvellement fécondés. Pendant la période de l'incubation qui suit le sixième jour après la fécondation, tout mouvement devient fatal aux œufs. Ce n'est que lorsque le jeune poisson est à peu près formé et qu'on aperçoit distinctement ses yeux à travers l'enveloppe transparente, qu'ils peuvent de nouveau être transportés sans danger.

De même que les œufs récemment fécondés, les œufs embryonnés s'emballent dans des boîtes où on les dépose entre des lits de mousse humide, en prenant soin de ne pas les agglomérer, et d'exercer sur la mousse une compression suffisante pour empêcher tout ballottement. La boîte d'emballage est placée elle-même dans une seconde boîte plus grande, où l'on a tassé de la mousse qui entourera la première de toutes parts. Pendant les temps froids, cette mousse est maintenue sèche pour garantir les œufs contre le gel.

Elle est mouillée d'eau froide et même mêlée de neige, au printemps et pendant les temps doux, pour y maintenir une température modérée. On donne à cette enveloppe de mousse une épaisseur de 0^m, 06.

Dans cet état, les œufs peuvent voyager pendant quinze jours sans perte. Pour des voyages de plus longue durée, on les place dans des appareils à tiroirs, dans lesquels on maintient la température de la glace fondante. On retarde ainsi les éclosions, et on peut trier les œufs qui arrivent à périr, pendant la durée du trajet. C'est par cette méthode que M. Mather a importé, en Europe et en Australie, des quantités considérables d'œufs de salmonides américains.

Quelquefois on s'est servi de flacons en verre, hermétiquement bouchés et contenant des œufs mêlés avec de la mousse humide bien tassée. On les a placés dans une boîte garnie de coton et on a expédié par la poste.

A l'arrivée des boîtes, on les dégage de l'emballage extérieur et on les fait séjourner dans la salle où les œufs doivent être déballés. Ceux-ci prennent ainsi, peu à peu, la température du milieu ambiant, sans qu'une brusque transition les expose à périr. Puis, on immerge la boîte dans l'eau qui alimente les appareils à éclosion, ou les bassins qui doivent recevoir les œufs. Quand elle a pris la température de cette eau, on l'ouvre et on en renverse doucement le contenu : la mousse surnage et les œufs tombent au fond. On les nettoie par lavage et on les distribue dans les appareils à éclosions.

Les œufs embryonnés sont moins délicats que ceux qui viennent d'être fécondés. Cependant il est nécessaire de ne pas épargner les soins. Pour réussir en pisciculture le secret consiste à exécuter des opérations très simples, avec des précautions très minutieuses. Sous ce rapport le luxe n'est que le nécessaire.

9° — ÉCLOSIONS ET ALEVINAGE

Les œufs fécondés, mis en incubation, se transforment en quelque sorte sous les yeux de l'opérateur. Dans ceux des salmonides, il apparaît une bulle huileuse qui grandit peu à peu et prend de la consistance. Au bout d'un mois, à peu près, deux points noirs se distinguent à travers l'enveloppe : ce sont les yeux. Puis le poisson prend sa forme distinctive et éclôt en crevant son enveloppe, dont il sort presque toujours la queue la première.

Il arrive quelquefois que l'éclosion présente des difficultés. Le petit poisson s'agite sans parvenir à percer l'enveloppe et des mortalités se produisent. Il faut venir à son aide. On place les œufs dans de l'eau dont on augmente peu à peu la température de quelques degrés, et on leur imprime un mouvement très doux en agitant légèrement le vase. Immédiatement les éclosions se produisent en masse.

Le poisson éclos n'est pas encore parfait. Il reste attaché à un sac en peau, nommé la vésicule vitelline ou ombilicale, renfermant des substances albumineuses dont il fait sa première nourriture et qu'il absorbe peu à peu. Alourdi par ce sac, l'alevin se traîne péniblement sur le fond et cherche à se cacher sous les abris qu'il peut rencontrer. On les lui prépare avec des pierres plates placées sur deux supports, des tuiles creuses, etc.

Pendant cette période, l'alevin ne mange pas encore et vit de sa propre substance. Dans les auges et sur les tables destinées aux éclosions, il ne se produit presque pas de mortalité, lorsque les soins de propreté n'ont pas manqué et que l'alimentation d'eau aérée est largement assurée. A l'état libre, l'alevin est alors à la merci d'une foule d'ennemis, auxquels il ne peut pas échapper. Les crues des rivières occasionnées par la fonte des neiges l'emportent au loin ou l'écrasent entre les graviers charriés par le courant. Les oiseaux, les insectes, les crustacés, les rats d'eau et surtout les poissons, grands et petits, en consomment de grandes quantités. Dans les auges il est à l'abri de tous ces dangers, et le peu de mouvement qu'il peut se donner lui suffit pour se placer dans la position la plus convenable pour son développement.

Après la résorption de la vésicule ombilicale, le poisson est complet et peut être abandonné à lui-même, si l'état du cours d'eau et la saison le permettent. Comme les circonstances peuvent être défavorables, malgré le soin qu'on a pris de retarder les éclosions, par l'emploi de l'eau froide et même de la glace, pendant l'incubation, il faut nourrir le petit poisson s'il ne doit pas périr d'inanition. On a employé pour cet objet du foie de bœuf, de la cervelle, des jaunes d'œuf, du lait caillé, etc., toutes choses qui servent à entretenir la vie, mais qui font perdre au jeune poisson l'instinct qui, dans la nature, lui fait chasser la proie vivante. Le mieux est de s'en procurer artificiellement, en faisant éclore des insectes aquatiques dans des bassins plantés d'herbes, qui soient exposés à la lumière solaire et tenus à peu près en serre chaude. A cette nourriture vivante on ajoute de la chair de petits poissons blancs, de lombrics recueillis au petit jour sur les pâturages, après les pluies, de moules, etc. Cette chair doit être broyée menu, réduite en pâte et délayée dans de l'eau qui la tient en suspension. On verse cette eau par petites quantités dans le vivier, immédiatement en aval de l'entrée de l'eau d'alimentation. On voit alors les petites bêtes se précipiter sur la nourriture et s'en disputer les morceaux. Mais comme la vue de leur proie leur échappe quand elle est descendue au-dessous de leur niveau, tout ce qui tombe au fond est perdu pour l'alevin, et devient une cause d'infection du milieu. Pour parer à cet inconvénient, on ne donne la pâtée que peu à peu, au fur et à mesure qu'elle est consommée, et on garnit le fond d'une plaque de tôle à bords relevés, qui reçoit tout ce qui échappe à la voracité des petits poissons. Cette plaque pourra ne pas excéder 0m,20 en largeur, mais sa longueur doit être telle, que le courant n'entraîne pas au delà les filets de chair qui tombent au fond. De temps en temps on enlève la plaque pour la nettoyer, après avoir attiré les poissons dans une autre partie de l'auge, où on les appelle, soit en y installant un abri procurant de l'obscurité, soit en ouvrant un autre robinet d'admission, après avoir fermé le premier, soit enfin en les chassant avec une barbe de plume.

Aussitôt qu'on peut se procurer en quantité suffisante, des insectes, leurs larves ou toute autre proie vivante, il faut se hâter d'en nourrir exclusivement les élèves. Avec les premières chaleurs on pourra se procurer abondamment des éphémères, qu'on prend avec un filet de gaze, le cyclops vulgaris qui vient dans les eaux stagnantes, les tipulaires, limnées, phryganes, crevettes d'eau douce, etc.

Dans le commencement, il suffit d'une tasse pleine de nourriture pour 100,000 truites. Pour 1,000 truites de deux ans, il faut journellement 1,500 grammes de chair; un an après, il en faut 2,500. 3 kilogrammes de poissons blancs ou 2 kilogr. 1/2 de chair de cheval, produisent 500 grammes de chair de truites. La voracité de ces poissons est d'autant plus grande que la température est plus élevée. Ils mangent avec avidité, surtout au printemps, au retour de la chaleur, après le long jeûne qu'ils ont subi pendant l'hiver.

Pour nourrir les jeunes féras, nous recommandons la chair des moules d'eau douce, broyée avec de l'eau. Les ombres communs refusent la nourriture artificielle; il est vrai qu'ils éclosent au printemps et ne donnent pas grand embarras. On les nourrit facilement avec de la fleur de foin, qu'on rencontre abondamment dans les greniers à fourrages secs, quand la majeure partie des approvisionnements est consommée. C'est une poussière qui renferme d'innombrables larves d'insectes, que les petits poissons viennent happer à la surface de l'eau.

En Hollande on se sert d'un appareil spécial pour nourrir les jeunes saumons [1]. Il se compose d'une petite boîte en zinc de $0^m,15$ de longueur, sur $0^m,07$ de largeur et $0^m,10$ de profondeur. Le fond de la boîte, qui est concave vers l'intérieur, se compose de baguettes de verre formant un gril, dont les ouvertures sont plus ou moins larges, suivant l'âge des poissons auxquels l'appareil doit servir. Ce dernier, appelé râtelier, est suspendu par deux crochets sous la chute d'eau qui alimente le bassin, de manière à en immerger les deux tiers de la hauteur. Pour nourrir les poissons on y place un morceau de cervelle de

1. De Bont, *Culture pratique du saumon*, 1872, p. 17.

la grosseur d'un œuf de poule ou un peu plus, auquel la chute d'eau communique un mouvement de rotation. Le frottement qui se produit ainsi contre les baguettes, détache constamment des parcelles de nourriture qui passent à travers les ouvertures du gril. Au-dessous de ce gril on place une boîte servant de récepteur, où viennent

Fig. 57. — Appareil de M. de Bont.

s'accumuler les parcelles de nourriture qui tombent au fond. (Fig. 57.)

Dès l'origine, la lutte pour l'existence s'établit entre les jeunes poissons : les plus forts enlèvent la nourriture aux plus faibles. Ils les empêchent de se développer à leur gré, et les dépassent de plus en plus en vigueur et en taille. Il est par conséquent utile de ne pas trop peupler les bassins de premier élevage. Bientôt il s'y forme deux camps. Les forts d'un côté, de l'autre les faibles, redoutant déjà le sort qui leur est infailliblement réservé, si on ne les sépare de leurs voraces compagnons. Après deux ou trois semaines, aussitôt que les agglomérations s'accusent, il faut procéder au triage, sinon les alevins se dévorent entre eux. Ceux qui ont une fois goûté de la truite ne veulent plus d'autre nourriture. Quand on pratique l'élevage en grand et qu'on veut opérer le triage des alevins, on se sert d'une caisse dont les parois sont formées par un filet de soie, à mailles assez étroites pour que les petits poissons seuls puissent y passer. On fait la pêche et on en place le produit dans la caisse, qu'on a eu soin d'immerger aux deux tiers de sa hauteur. En peu de temps on n'y trouvera plus que les poissons que leur taille a empêchés de s'échapper. L'emploi successif de plusieurs caisses, dont les mailles de filet vont en augmentant, permettra d'opérer un triage aussi complet qu'on peut le désirer.

L'eau d'alimentation des bassins d'alevinage doit toujours être très pure; quand il s'agit de salmonides, sa température ne doit pas dépasser 15 degrés centigrades. Sa quantité doit augmenter avec la taille des poissons. Celle qui a pu suffire à la respiration d'un grand nombre d'alevins à peine éclos, ne leur apporte plus assez d'oxygène plus tard. Une partie des petits poissons périt étouffée, pendant que les autres languissent et perdent de leur vivacité. La végétation des plantes aquatiques propagées dans les bassins remédiera, en partie, à l'inconvénient d'une alimentation d'eau insuffisante, parce que les feuilles d'herbes, sous l'action de la lumière, dégagent de l'oxygène qui se dissout dans l'eau.

Un déversoir de superficie doit débarrasser le bassin des poussières qui surnagent. Pour empêcher les petits poissons de s'échapper par cette issue, on reçoit le déversement dans une auge fermée, d'où l'eau fuit par des toiles métalliques qui en forment les faces. On visite cette auge de temps à autre et on en retire les déserteurs, au moyen d'une petite truble garnie de mousseline, ou d'une pipette. L'emploi de cette dernière oblige de laver le poisson avant de le replacer dans le bassin, afin de ne pas y rapporter les impuretés qui ont pu s'accumuler sur le fond de l'auge, et que la pipette a aspirées avec le poisson.

Pour nettoyer les bassins d'alevinage, il faut toujours éloigner les élèves de la partie où l'on remue les impuretés déposées sur le fond. Si l'on dispose d'une surface suffisante, on divisera le bassin en plusieurs compartiments, séparés par des vannes et qu'on puisse alimenter chacun d'une manière indépendante. On videra d'alevins le compartiment à nettoyer, en l'exposant à la lumière pendant qu'on maintient dans l'obscurité ceux où on veut les appeler. Avec de l'obscurité on peut faire aller les poissons partout où l'on veut. Un balayage combiné avec une vigoureuse chasse d'eau ont, en peu de temps, raison de tous les dépôts.

Au jeune poisson, aussi bien qu'à l'alevin pendant la période vitelline, il faut ménager des endroits obscurs, des caches où il puisse s'abriter. Nous avons déjà mentionné divers procédés qui sont employés; nous y ajouterons les planches flottantes et les pots de fleurs renversés sur le sol. Dans ces derniers, on ménage quelques entrées au moyen d'échancrures pratiquées dans les bords. Le fond du pot est rendu mobile pour pouvoir inspecter l'intérieur et enlever, s'il y a lieu, les cadavres des poissons qui ont pu y périr. Il est vrai que d'après les observations de M. de Beaumont [1], le plus souvent les alevins s'en débarrassent eux-mêmes, en les poussant au dehors.

On se sert, en Hollande, d'appareils flottants pour faire éclore les jeunes saumons. Les deux côtés opposés au courant sont garnis de treillis en cuivre rouge, à neuf mailles par centimètre carré. On fixe la caisse à des flotteurs et on crée des abris, au moyen de cloisons transversales en planches, percées de trous de $0^m,01$ de diamètre, dans la direction du courant. On couvre ce réservoir au moyen d'un filet, pour empêcher le poisson de sauter dehors. Au-dessus de l'appareil, on établit un plancher porté par un échafaudage, qui permet de soulever la caisse, de l'examiner et de la nettoyer au besoin [2]. Les jeunes saumons sont mis en liberté au commencement de l'hiver. Jusqu'à ce moment leur nourriture con-

1. Vicomte DE BEAUMONT, *loc. cit.*, p. 54.
2. DE BONT, *loc. cit.*, p. 22.

siste en vers de terre, petits poissons blancs, viande de cheval, débris de boucheries, moules, grenouilles, voire des harengs salés. Toute substance animale leur est bonne, pouvu qu'elle soit réduite en parcelles assez petites pour que les poissons puissent les engloutir. En dix mois ces saumons atteignent une taille de 0^{m},10 à 0^{m},15.

10° — TRANSPORT DES JEUNES POISSONS

Sauf de rares exceptions, on ne peut transporter les poissons que dans de l'eau, dans laquelle ils doivent trouver les deux conditions indispensables à leur existence : une température convenable et un aération suffisante.

L'eau dans laquelle l'alevin a vécu jusqu'au moment de son départ, doit être employée de préférence à toute autre, pour servir au voyage. On lui maintient sa température habituelle en faisant usage de glace, si cela est nécessaire. Pour remplacer l'oxygène consommé par la respiration, on aère l'eau, soit par des cascades artificielles, entretenues automatiquement ou par l'action d'un surveillant, soit par l'insufflation directe d'air. Quand on fait usage de glace et qu'on la plonge dans l'eau, il convient de l'enfermer dans une poche de flanelle, afin que ses aspérités ne blessent pas les jeunes poissons. Mais comme la glace peut contenir des substances nuisibles, il vaut mieux la placer dans un compartiment extérieur à l'appareil, dont les parois soient en contact avec l'eau. L'insufflation de l'air ne doit occasionner ni bouillonnement, ni agitation : le mouvement violent des grosses bulles d'air pourrait entre-choquer et blesser les petits alevins.

Une grande variété d'appareils ont été mis en usage ou seulement proposés. Celui qui nous a toujours donné les meilleurs résultats a été construit par M. Bienner, et employé à Huningue dès l'année 1865. Il a servi à transporter de gros saumons, des truites, des ombres et des féras adultes à des centaines de lieues de distance, pendant les plus fortes chaleurs de l'été, sans qu'il se produisît de pertes. Les poissons sont arrivés bien portants et ont continué de vivre dans les nouvelles conditions où ils ont été placés. L'appareil a donc fait ses preuves, et comme ses dispositions sont extrêmement simples, c'est le seul dont nous donnerons ici la description. (Fig. 58 et 58 *bis*.)

L'appareil de transport se compose d'un cylindre horizontal en tôle, dont la partie supérieure peut s'ouvrir et se fermer au moyen d'un couvercle à charnières. Le cylindre a une longueur variable de $0^{m},60$ à $1^{m},30$ et son diamètre est de $0^{m},35$ à $0^{m},60$. Il est rempli d'eau aux deux tiers de sa hauteur verticale et on y introduit les poissons par l'ouverture supérieure. A la partie inférieure on adapte, intérieurement, un double fond percé d'un grand nombre de petits trous. Il est légèrement convexe vers le haut, et forme avec la paroi inférieure du cylindre un compartiment destiné à loger l'air, qu'on injecte avec une pompe. La pompe se compose d'une

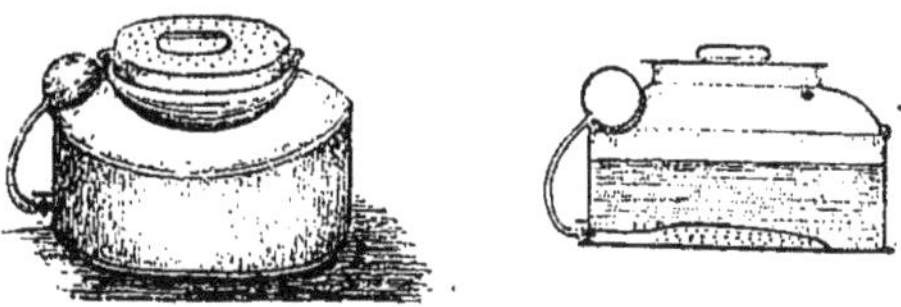

Fig. 58. — Transport des alevins.

boule creuse en caoutchouc de $0^m,10$ de diamètre, munie de deux ouvertures diamétralement opposées, de $0^m,012$ de diamètre. La boule

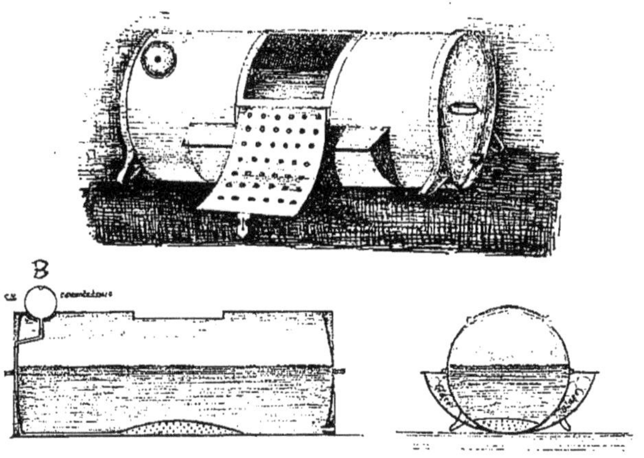

Fig. 58 *bis*. — Appareil Bienner, pour transporter les poissons.

est logée dans une dépression hémisphérique pratiquée à la partie supérieure du cylindre, qui la garantit contre les accidents. Son ouverture inférieure communique avec le double fond au moyen d'un tuyau en gutta-percha, adapté à un des trous de la boule par une de ses extrémités, et, par l'autre, à un tuyau en tôle, fixé contre la paroi verticale du cylindre, et aboutissant à la partie inférieure de la cavité du double fond. L'autre trou de la boule de caoutchouc se trouve ainsi placé à son sommet.

Il suffit de comprimer la boule en bouchant le trou avec le doigt, pour que l'air qu'elle contient se rende dans le double fond, d'où il ne peut s'échapper que par les petits trous de sa partie supérieure. Il se répand dans l'eau et monte vers la surface sous forme d'innombrables petites bulles, qui sont dissoutes en partie pendant le trajet, et ne peuvent donner lieu à la moindre agitation.

Extérieurement au cylindre, à la moitié de sa hauteur, on dispose deux compartiments, destinés à recevoir de la glace, si son emploi est jugé nécessaire pour maintenir la température de l'eau [1].

Le cylindre est suspendu, comme un berceau, dans un châssis supporté par quatre pieds légèrement inégaux. On peut ainsi lui imprimer un mouvement d'oscillation ou de léger balancement, qui, à cause de l'inégalité des pieds, ré-

1. Lorsque cet appareil doit servir à transporter de gros saumons, on en matelasse la paroi intérieure avec de la toile de coton, afin que les sauts des poissons ne leur fassent pas perdre d'écailles : dans ce cas on ne place qu'un seul sujet dans chaque cylindre.

sulte même automatiquement des trépidations de la voiture servant au transport. L'eau prend de cette manière un mouvement analogue à celui qui anime les eaux courantes, trop doux de beaucoup pour entre-choquer les petits poissons et les blesser.

Pour que l'eau ne soit pas troublée pendant le voyage par les déjections des poissons, on a soin de les faire jeûner vingt-quatre heures avant le départ. En route il n'est pas besoin de nourriture. Toutefois, si on place dans le même appareil des poissons de taille très différente, le voyage ne les empêche nullement de s'entre-dévorer.

Il faut user de grandes précautions pour mettre en liberté les poissons arrivés à leur destination. Un brusque changement de la température de l'eau et de sa composition chimique peut compromettre le succès de l'opération. L'appareil, enlevé du châssis par deux anses adaptées aux têtes du cylindre, est plongé dans l'eau qui doit recevoir le peuplement, afin d'en prendre peu à peu la température. On ajoute successivement de petites quantités d'eau à celle qui a servi au transport, jusqu'à ce que l'eau du voyage ait été à peu près complètement remplacée par celle de la rivière à empoissonner. On met le poisson en liberté lorsqu'il s'est ainsi familiarisé avec les conditions de sa nouvelle demeure.

Quand on distribue de jeunes salmonides dans une rivière importante, il faut avoir soin de les éparpiller aux embouchures des différents affluents et sur leur parcours. Sans cette précaution ils restent agglomérés par essaims, et sont facilement détruits par leurs ennemis. Ils épuiseraient d'ailleurs en peu de temps les ressources que les localités voisines pourraient fournir à leur nourriture et se mangeraient entre eux. Les affluents portent toujours de la nourriture vers leurs embouchures et présentent, plus souvent que les grands cours d'eau, des hauts fonds où s'abritent les petites bêtes et dont l'accès n'est pas possible aux gros poissons.

Lorsque la température est maintenue dans l'appareil de transport à environ 4 degrés centigrades, on peut loger un millier d'alevins de truites âgés de trois mois dans vingt-cinq litres d'eau. Il faut éviter de renouveler l'eau pendant la route, parce qu'on pourrait en rencontrer dont la composition chimique, trop différente de celle qui a servi au départ, amènerait une rapide mortalité.

Il faut éviter aussi d'injecter de l'air vicié par des émanations délétères, par des buées sulfureuses ou ammoniacales, par la fumée de tabac, etc. Une très petite quantité de ces matières toxiques suffit pour faire périr les alevins. On évitera enfin de voyager par un temps lourd et orageux. Les petits poissons sont très sensibles à l'état électrique de l'atmosphère, et souvent, pendant les orages, il se déclare, dans les bassins, des mortalités subites, qu'on ne peut ni prévenir, ni expliquer : Quand la foudre frappe un étang tout le poisson périt.

Il résulte de tout ce que nous avons dit, que les pratiques de la pisciculture, artificielle ou non, ne présentent aucune difficulté et peuvent se généraliser jusqu'à former une branche importante de l'économie rurale. Pour réussir, quand on dispose de moyens convenables, il suffit de multiplier les précautions et de ne négliger aucun détail. La véritable règle pratique de la pisciculture peut se résumer en peu de mots : du soin, du soin et encore du soin. Les résultats compenseront amplement les peines qu'on aura prises.

VI

LES ENNEMIS DES POISSONS

Il ne suffit pas de savoir mettre en pratique les meilleures méthodes qui servent à multiplier les poissons et à les élever, il faut encore connaître les principaux ennemis qui les déciment, afin de pouvoir les détruire, ou préserver de leurs atteintes au moins les alevins.

Le destructeur par excellence du poisson, c'est la *loutre*. On la rencontre dans le voisinage de tous les cours d'eau un peu considérables, qui n'ont pas encore complètement perdu leur peuplement. Dans les étangs, ses ravages sont des plus redoutables. De 400 grandes carpes conservées dans un vivier pour servir à la reproduction, les loutres en ont dévoré 352 dans l'espace de six semaines [1]. La loutre nage dans l'eau avec beaucoup d'agilité et plonge avec une merveilleuse

1. Max von dem Borne, *La Pisciculture*, p. 111.

adresse. Sous la glace, elle respire l'air vicié par l'action des poumons, le laisse séjourner à l'état de bulle sous la surface solidifiée, et vient le respirer de nouveau quand il a repris une quantité suffisante d'oxygène et qu'il s'est débarrassé de son acide carbonique. Cette bête vorace atteint une longueur de $0^{m},90$, non compris la queue; ses pattes sont palmées et armées de griffes et sa denture est des plus acérées. En une seule nuit, elle est capable de pêcher une demi-douzaine de carpes de 2 kilogrammes, dont elle ne dévore que les parties les plus tendres, sous la tête et sous le ventre, et dont elle suce le sang. Sa fourrure est recherchée.

La loutre habite des terriers ou le creux des racines des arbres qui croissent au bord des eaux. Elle s'y construit un nid de feuilles et d'herbes sèches. L'entrée du repaire est presque toujours au-dessous du niveau de l'eau, de sorte qu'il est difficile de le découvrir. En avril et mai la femelle jette de 2 à 4 petits. Les loutres vivent en société, par compagnies de 4 à 6, et font ensemble des voyages de plusieurs lieues, en suivant toujours le chemin le plus court, pour atteindre des eaux poissonneuses, quand elles ont dépeuplé celles d'une contrée. Elles ont la singulière coutume de s'amuser à se laisser glisser le long des rives abruptes, mais humides et vaseuses, qui bordent les eaux profondes. On rencontre de ces *glissières* le long de toutes les rivières fréquentées par les loutres et elles y reviennent toujours [1]. Pour sortir de l'eau, elles choisissent un haut fond et une rive plate, non loin de la glissière. On reconnaît ces *sorties* à l'herbe foulée et aux déjections des loutres, qui sont remplies d'arêtes, d'écailles de poissons et de test d'écrevisses. C'est à ces endroits qu'on les prend le plus facilement au moyen de pièges, avec ou sans appât.

Lorsque le niveau de l'eau reste à peu près constant, on se sert d'un piège à ressort qu'on a soin de placer à peu près au milieu de la sortie, à environ $0^{m},10$ sous l'eau, et qu'on couvre de vase et de plantes aquatiques. Le piège est muni d'une chaîne attachée avec une forte et longue corde au pied d'un arbre, ou à un pieu solidement fiché dans le sol. La corde est recouverte de terre qu'on asperge d'eau, au moyen d'une branche d'arbre, de manière à la mouiller copieusement. Quand la loutre est prise, elle plonge dans l'eau profonde et s'y noie, en entraînant le piège.

Si l'eau est susceptible de varier subitement de niveau, on dispose le piège à terre, tout contre l'eau et au milieu de la sortie. On l'enterre au niveau du terrain, en ayant soin de placer un peu de mousse au-dessous et de le couvrir avec de la vase et du sable qu'on asperge avec abondance. En hiver on remplace cette couverture par des

1. M. v. d. Borne, *loc. cit.*, p. 112.

feuilles sèches ou du bois pourri, réduit en poudre, et on égalise bien le sol. On attache le piège avec une corde, assez longue pour que la loutre puisse gagner la profondeur, et on la couvre de terre.

Au Canada [1], on place le piège au sommet des glissières et on dirige la loutre en disposant, à l'entour, des broussailles, qui lui barrent tout autre chemin pour y arriver. Pendant les fortes gelées on place les pièges sur des piquets de bois plantés dans le sol, au-dessous d'un trou pratiqué dans la glace. Le piquet porte à sa partie supérieure deux branches de $0^m,10$ à $0^m,12$ de longueur qui supportent un nid de mousse, sur lequel on établit le piège. L'anneau de la chaîne est passé dans le piquet même, à sa partie inférieure, et un bout de branche, épargné à cet effet, ou un clou, l'empêchent de couler dehors et de se détacher du bois. La loutre, arrivée près du trou, saute sur le piège et se noie sitôt qu'elle est prise.

Comme ces bêtes aiment la chaleur, on peut quelquefois les surprendre en été, quand elles dorment en famille, le long des bords desséchés d'un étang. On les empoisonne avec de la strychnine, et pour les attirer à l'appât, on le frotte avec une huile odorante qu'on fabrique de la manière suivante. On coupe en petits morceaux des anguilles, des truites ou d'autres poissons et on

1. NEWHOUSE, *The trappers guide.*

les place dans une bouteille légèrement bouchée, qu'on suspend au soleil pendant deux ou trois semaines. Il se forme ainsi une huile grasse, d'une odeur pénétrante, qu'on mêle avec quelques gouttes de musc de loutre, espèce d'huile distillée par deux glandes placées sous le ventre des deux sexes. L'odeur de cette composition attire les loutres, les belettes et les putois.

Un dernier moyen de destruction, celui dont on se sert le plus fréquemment, consiste à tirer la loutre à l'affût. Pendant la nuit on l'attend à sa sortie de l'eau, après sa pêche. Comme, en nageant, elle ne montre guère que l'extrémité de son nez, et que souvent elle se déplace entre deux eaux, il est difficile de l'atteindre, tant qu'elle n'a pas pris terre.

Si la loutre nage admirablement dans l'eau, la nature lui a refusé la faculté de grimper et de faire des bonds : elle ne peut pas franchir une petite palissade de $0^m,60$ de hauteur. Quand les bassins ne sont pas trop étendus, ce qui arrive surtout pour les étangs à truites où l'on pratique l'élevage artificiel, il suffit d'une enceinte de lattes, reliées par du fil de fer, pour fermer aux loutres l'accès de l'eau.

Le *héron* est un des plus hardis déprédateurs de nos cours d'eau. « L'oiseau [1] baigne ses lon-

1. Noury, *Journal officiel*, 17 avril 1879, p. 3336.

gues jambes dans la rivière, posant ses doigts sur le gravier du lit et dirigeant son bec en aval. De temps en temps il exécute des mouvements saccadés de bascule sur ses fémurs. Il relève sa queue, incline sa poitrine, la plonge dans la rivière en lui imprimant dans l'eau une série d'oscillations latérales. Subitement il se redresse, il paraît attendre. A son attitude anxieuse, à la vivacité de son regard on devine qu'il guette une proie; et, en effet, le voilà qui lance dans l'eau un formidable coup de bec : avec la rapidité de l'éclair il a saisi une truite. Il l'avale, si elle n'est pas trop grosse, car jamais il ne dépèce le poisson. Une série de truites remonte de même le cours de la rivière jusqu'au héron qui, à toutes, fait invariablement subir le même sort. »

Quand la pêche est abondante et que le poisson est gros, le héron perce la truite de son bec effilé et la tire hors de l'eau. Il lui mange les yeux et recommence sa pêche.

M. Noury, intrigué par l'espèce de folie qui attire les poissons à la portée du bec de cet oiseau, a constaté chez le héron « l'existence de larges loupes graisseuses entre le derme et le peaucier des régions pectorale et pelvienne. Les canaux excréteurs de ces glandes débouchent à la base des plumules que recouvrent les grands filets de la poitrine. Au contact de l'air leur excrétion se résout en une poudre bleuâtre, très fine, onctueuse comme le talc et d'une écœurante fétidité. Secoué dans l'eau par le balancement du corps, qui vient d'être décrit, elle descend lentement le courant. L'odeur qui s'en dégage paraît être pour les truites d'une incomparable suavité, car à peine ces poissons l'ont-ils ressentie, qu'ils en recherchent la source, et c'est ainsi qu'ils se rapprochent du héron et tombent sous ses coups. »

Les braconniers connaissent depuis longtemps la propriété qu'a l'odeur du héron d'attirer les poissons, et fabriquent l'*huile de héron* dont ils oignent leurs appâts. Pour cela, ils plument l'oiseau sans le vider et le pilent dans un mortier. La pâte obtenue est conservée dans un flacon hermétiquement fermé qu'ils placent pendant 15 à 20 jours dans un endroit chaud, jusqu'à ce qu'il s'y forme une espèce de bouillie huileuse. Puis on sépare les os et on mêle la masse restante avec de la farine, du miel, du pain, etc., qu'on conserve dans des flacons bien bouchés pour en frotter les hameçons et les appâts au moment de la pêche [1].

Le héron retourne toujours faire sa pêche au même endroit, aussi longtemps qu'il y trouve sa proie. Chassé pendant le jour, on le retrouve pendant la nuit, pêchant au clair de lune. Il niche dans des forêts de haute futaie, au sommet des

1. Horack, *Culture des étangs*, p. 190.

grands arbres, souvent à des distances considérables des pêches qu'il exploite. On le prend au piège à ressort, qu'on dresse sur de petites îles artificielles de vase, où il vient se placer pour pêcher, ou sur des poteaux, s'élevant à plusieurs mètres au-dessus de l'eau, où il va se percher. On le détruit aussi en semant autour des étangs ou dans leurs îles, des poissons remplis de pâte phosphorée. Il est difficile de l'approcher assez pour l'atteindre avec des armes à feu.

Le *martin-pêcheur* est très nuisible, parce qu'il s'attaque aux œufs des poissons et aux jeunes alevins dont il nourrit ses petits. C'est à tort qu'on respecte dans nos campagnes ses nichées, qu'on devrait détruire à l'égal de celles des oiseaux de proie. Le merle d'eau, au contraire, ne se nourrit que d'insectes aquatiques, de petits mollusques et de crustacés.

Les faucons, les mouettes, les plongeons, les canards sauvages, les guillemots, sont autant d'ennemis dont il faut préserver les poissons et qu'on prend le plus souvent avec des pièges divers. Viennent ensuite les rats d'eau, les campagnols, belettes, fouines, chats sauvages, etc., grands amateurs de la chair des poissons et de leurs œufs. Il est bien difficile d'en préserver complètement les étangs.

Parmi les insectes, le plus redoutable est sans contredit le dytique et sa larve. Les larves de libellules, d'éphémères, etc., sont également à craindre, mais seulement pour les œufs et les très jeunes alevins. En mettant un étang à sec, pendant quelques mois, on y détruit toute cette engeance qui périt par une dessication prolongée. Nous devons ajouter toutefois que ces insectes servent de nourriture aux poissons d'un âge plus avancé et que les gros brochets s'accommodent fort bien des rats d'eau, mulots, canards, etc., quand ils parviennent à les saisir.

Parmi les amphibies, il faut écarter des étangs à frai, les grenouilles et les salamandres, aussi bien que les serpents d'eau qui dévorent les œufs et les petits poissons en grande quantité.

Nous ne parlerons que pour mémoire des petits parasites plus ou moins microscopiques qui tourmentent les poissons, ainsi que de leurs helminthes, des végétations ressemblant à des moisissures, qui les recouvrent et déterminent la mort. Le meilleur moyen de les en préserver c'est de leur créer des refuges obscurs, et d'assurer une bonne alimentation d'eau fortement aérée, soit par des cascades, soit par une abondante végétation ; cette dernière dégage de l'oxygène et détruit l'acide carbonique et les matières azotées en se les assimilant.

APPENDICE

APPENDICE

Traduction d'un mémoire allemand, traduit en latin par M. DE GOLSTEIN, *et rendu en français par* M. DE FOURCROY, *directeur des fortifications en Corse, publié par* DUHAMEL *en* 1772 [1].

SUR LA FAÇON DE FAIRE NAITRE DES SAUMONS ET DES TRUITES

Traduit de l'allemand des bords du Weser.

1. — On fera construire une caisse de grandeur à volonté; par exemple de 12 pieds de long, 1 pied de large et 6 pouces de hauteur.

2. — A l'une des extrémités, on laissera une ouverture de 6 pouces en carré, fermée d'un grillage de fer ou de laiton, dont les fils ne seront pas éloignés plus de 4 lignes les uns des autres. A l'autre extrémité, sur le côté de la caisse, sera pareille ouverture de 6 pouces de large et 4 de hauteur, grillée de même : celle-ci servira pour la sortie de l'eau; l'autre pour son entrée et le grillage empêchera qu'il ne se puisse glisser dans la caisse ni rats d'eau, ni aucun autre insecte (*sic*) ennemi ou destructeur des œufs de poissons.

1. DUHAMEL, *Traité des pêches*, II, p. 209.

3. — La caisse sera exactement fermée par le dessus pour les mêmes raisons ; on peut cependant laisser au couvercle une ouverture de 6 pouces en carré, semblablement grillée, pour donner du jour au jeune poisson; mais cela n'est pas nécessaire.

4. — On choisira quelque lieu commode près d'un ruisseau, ou mieux encore près de quelque étang nourri de bonnes sources, d'où l'on puisse par une fente ou petit canal de dérivation, faire couler un filet d'eau d'environ 1 pouce d'épaisseur, à travers la caisse, par les grilles (n° 2), après l'avoir placée dans la situation nécessaire à cet effet.

5. — Enfin on couvrira le fond de la caisse de 1 pouce d'épaisseur de sable ou de gravier, recouvert d'un lit de petits cailloux jointifs de la grosseur d'une noisette ou d'un gland.

(On aura par ce moyen un petit ruisseau factice roulant sur un fond de cailloux : on en verra plus bas la nécessité.)

6. — On préparera une ou plusieurs de ces caisses en lieu convenable pour le mois de novembre; c'est la saison où les saumons commencent à frayer : alors, mâles et femelles, ils remontent des grandes rivières dans les ruisseaux pour y jeter leurs œufs et leur semence, comme on le voit arriver près de Kaldorff : c'est alors qu'il faut procéder comme il suit.

7. — On versera environ une pinte d'eau bien claire dans quelque vase bien nettoyé, comme seau de bois ou binet, ou baquet; et saisissant la femelle du saumon par la tête, on la tiendra suspendue sur ce vase : si les

œufs sont bien à maturité, ils tomberont d'eux-mêmes dans le vaisseau ; sinon en lui pressant légèrement le ventre avec la paume de la main, les œufs se détacheront et on les recevra facilement dans l'eau.

8. — On en fera de même d'un saumon mâle : quand il y aura sur les œufs assez de laitance pour blanchir la surface de l'eau, l'opération de la fécondation des œufs sera finie.

9. — On répandra les œufs ainsi fécondés dans une des caisses ci-dessus, et on y fera couler de l'eau du ruisseau, ayant attention qu'elle n'y coule pas avec assez de rapidité pour emporter les œufs avec elle ; car il faut qu'ils demeurent tranquillement entre les cailloux.

10. — Il faut avoir soin de nettoyer de temps en temps ces œufs, des ordures que l'eau y apporte et y dépose ; cela se peut faire au moyen d'une plume que l'on agite sur l'eau de côté et d'autre.

11. — Quelquefois au bout de cinq semaines les petits saumons sont déjà formés dans les œufs, y sont vivants et s'y remuent : on le reconnaît à leurs yeux qui sont noirs, au lieu que les autres parties sont diaphanes et ne renvoient point la lumière. Huit jours après qu'on a distingué les yeux, ces petits poissons percent la coque ou peau tendre de l'œuf et se promènent dans l'eau.

Le temps nécessaire pour la naissance des saumons n'est cependant pas toujours le même. Si l'eau de la source est plus chaude, l'opération sera plus tôt faite, comme aussi suivant la température de l'air. L'expérience nous a appris qu'il faut souvent le double de temps pour faire éclore ces œufs.

12. — Pendant que le poisson croît dans son œuf, on y distingue très bien une membrane ou pellicule séparée de la coque. Le petit poisson couché dans cette coque est adhérent à la membrane, qui forme un sac autour de lui, comme si c'était un pois traversé par une petite aiguille.

13. — Ce petit sac qui tient au poisson et qui remplit presque toute la capacité de l'œuf, lui tient lieu d'estomac et d'entrailles : le poisson se nourrit quatre ou cinq semaines après qu'il est éclos de la matière renfermée dans cette membrane. Pendant ce temps-là sa gueule, d'abord informe, s'allonge successivement; puis ensuite le sac disparaît tout à fait, et l'animal a pris la figure qu'il doit avoir.

14. — Après les quatre ou cinq premières semaines (n° 13) la faim survient à ces petits poissons; et comme dans les caisses ils ne trouvent ni les vermisseaux propres à les nourrir, ni l'espace dont ils ont besoin, ils vont chercher l'un et l'autre en sortant de leurs caisses à travers les grillages. Si pour lors le filet d'eau de la caisse aboutit à quelque réservoir suffisamment grand, où l'on puisse élever les saumons jusqu'à la grosseur dont il les faut pour rempoissonner les étangs, c'est tout ce qu'il y a de plus convenable.

15. — Les saumons et les truites nouvellement éclos peuvent se conserver jusqu'à dix semaines dans quelque grand vase de verre bien net, ou de quelqu'autre matière, comme de porcelaine, faïence, etc. Il faut

seulement faire en sorte de les y transporter sans les blesser, et avoir ajouté pour cela à la caisse où ils sont nés, un petit crible de crêpon monté sur une planche qui entre juste dans le travers de la caisse. Nous ne nous arrêtons pas davantage à cette description, pour abréger.

16. — Pour faire naître les truites, on se sert précisément de la même méthode, à laquelle il n'y a rien à ajouter : j'avertirai seulement ici que leurs œufs et laitances sont à maturité et en abondance dans les mois de décembre et de janvier; et comme les truites sont plus petites que les saumons, il n'en est que plus aisé de faire sortir leurs œufs et laitances sans leur faire courir aucun risque de la vie.

17. — Il ne faut pas croire que les poissons soient sujets à s'accoupler en mêlant leur sexe comme les autres animaux, quoiqu'on ne s'en aperçoive pas; ni que leurs œufs aient été fécondés par le mâle avant d'être pondus, en sorte qu'il en pût éclore de petits poissons sans cette formalité superflue d'y répandre de la laitance (n° 8), comme naîtraient des poulets, en mettant simplement des œufs sous une poule ou dans un four ou poêle, ainsi qu'on le pratique aux Indes. Pour m'assurer de cette vérité, je fis, il y a environ six ans, l'expérience suivante.

18. — Je tirai d'une truite des œufs très mûrs, et j'en eus tout le soin possible, sans y mettre de laitances; jamais il n'en vint le moindre poisson; tous ces œufs se corrompirent en très peu de temps, j'en ai conclu avec certitude que les œufs des truites et des

autres poissons ne reçoivent pas leur fécondation tant qu'ils sont dans le corps du poisson, et attachés à lui, comme cela arrive aux autres animaux, mais seulement lorsque les truites les ont pondus.

19. — En faisant éclore des truites, j'ai quelquefois remarqué quantité d'avortons ou de monstres, certaines années plus, d'autres moins. Quelques-uns avaient deux têtes et le corps bien formé. D'autres avaient le ventre commun, et du reste étaient deux poissons bien distincts, comme seraient deux poissons ordinaires que l'on coucherait sur une table, bien serrés l'un contre l'autre par le ventre. D'autres étaient tellement unis par le flanc, qu'ils ressemblaient à deux truites qui se tiennent seulement l'une près de l'autre dans l'eau. Quelques-uns avaient deux corps par en haut, se réunissant en un seul vers le milieu, et terminé par un seul ventre et une seule queue. Enfin, parmi ces monstres j'en ai rencontré un qui paraissait formé de deux poissons qui se traversaient, n'ayant qu'un seul ventre pour les deux.

20. — De tous ces avortons, jamais aucun n'a vécu jusqu'à six semaines, c'est-à-dire au delà du terme où la matière contenue dans la membrane ou sac de l'œuf (n° 13) et qui leur sert d'estomac, peut suffire à sa nourriture.

21. — On peut conjecturer que tous ces monstres de poissons proviennent de ce qu'un œuf s'est trouvé fécondé par plus d'un animalcule de la laitance ; et comme c'est la matière contenue dans l'œuf de la truite et des autres poissons qui fournit au petit poisson le

ventre, l'estomac et les intestins, au lieu que les autres parties du poisson végètent ou poussent (n° 12) contre la membrane et la coque de l'œuf, tous ces monstres se trouvent avoir des intestins communs, et il est facile d'en inférer comment se produisent les monstres dans les poissons et les animaux ovipares. Mais ce système ne peut avoir lieu pour les monstres des vivipares, qui étant nés dans une matrice, n'ont pas de même un seul sac destiné à leur fournir les entrailles en commun. Il n'est pas fort rare de trouver de ces monstres dans les oiseaux, même dans les quadrupèdes; bien plus dans les végétaux, et l'on pense que quand les embryons étaient très tendres, deux se sont collés et ensuite comme greffés l'un à l'autre.

22. — Les œufs de truites, principalement quand ils sont à maturité, sont totalement séparés les uns des autres, ainsi que de toutes les autres parties du poisson, et couverts d'une peau ou coque très dure. Il n'y a donc pas alors beaucoup de circulation, *s'il en reste quelqu'une*, entre les liqueurs du poisson et celles de l'œuf. Aussi les œufs de truites ne se corrompent-ils pas aussitôt que le poisson, et j'en ai vu se conserver sains, quatre ou cinq jours après que le poisson s'était putréfié.

23. — Pour m'en assurer par expérience, j'ai pris les œufs mûrs d'une truite déja pourrie, étant morte depuis quatre jours et très puante, je les ai couverts des laitances d'un mâle vivant (n° 8) et j'ai eu des poissons comme si la truite qui m'avait fourni les œufs eût été vivante.

24. — Et attendu que la vie des animalcules des

laitances n'est pas non plus tellement liée à celle de l'animal qui les produit, que la mort du poisson puisse donner aussitôt la mort à ces petits animalcules; mais que ces animalcules au contraire conservent leur vie et leur faculté reproductive, tant que le fluide qui les contient n'a pas contracté de putréfaction; c'est un fait conséquent et d'expérience tout ensemble que cette espèce de paradoxe.

25. — Par le moyen de laitance et d'œufs de truites déjà mortes et en partie fétides, on peut faire naître de nouvelles truites.

(On sent combien, au moyen des faits de ces quatre derniers numéros, on pourrait trouver de facilité à se procurer des truites dans un canton où il n'y en aurait jamais eu.)

26. — L'exemple des mulets entre les quadrupèdes et des carpes métissées de carassins entre les poissons, fait voir que le mélange de deux espèces en produit une troisième qui a beaucoup de rapports aux deux premières. Pendant les mois de novembre, décembre et janvier, les saumons (n° 6) et les truites (n° 16) ont leurs œufs et laitances en maturité. On peut donc faire le mélange de ces deux espèces, et éprouver si l'on aura des poissons qui ne soient ni truites ni saumons, mais qui tiennent un milieu entre les deux.

27. — Il ne faut pas conclure de là que l'on aura des truites saumonées; celles-ci ne constituent pas une espèce différente de la truite qui a la chair blanche; j'ai fait un très grand nombre d'expériences qui prouvent et constatent que la différence entre les truites saumonées et celles qui ne le sont pas, vient en partie de

la nature de l'eau dans laquelle elles vivent, et principalement de leurs aliments. Nous avons dans nos cantons le Pourvoyeur du Carême de Vestrux, qui possède un vivier dans lequel toutes les truites jetées de la grosseur du rempoissonnement, deviennent en un an presque saumonées. Cette fosse reçoit la chute d'un ruisseau dont l'eau est *de la meilleure qualité, très propre à dissoudre le savon* et nourrit beaucoup de goujons et de barbillons, comme il s'en rencontre beaucoup dans les ruisseaux. On trouve de même des truites saumonées communément dans tous les ruisseaux dont l'eau est de cette espèce et qui abondent en goujons. C'est par cette raison que j'attribue à la nature des eaux et à la nourriture des truites, cette propriété d'améliorer leur goût et de changer la couleur de leur chair.

28. — Les brochets fraient au mois de mars, et les truites, comme nous l'avons dit, en décembre et janvier, quelques-unes même en février, quoique assez rarement. Si donc on trouvait moyen de conserver des œufs de truites jusqu'en mars, ce que je n'examine pas ici, on pourrait essayer si des laitances de brochets, jetées sur des œufs de truites, produiraient une troisième espèce.

29. — Il est bon de remarquer que les animaux métis, ou produits de deux espèces différentes, n'ont pas la faculté de se reproduire; et il est évident par là que Dieu, en créant la nature, a déterminé la quantité d'espèces auxquelles il a voulu donner l'existence.

30. — Les œufs de saumons et de truites se pourrissent infailliblement s'il y séjourne quelque saleté ou s'ils restent longtemps sur la terre, quoique les petits

poissons y soient déjà tout formés; c'est ce que m'ont appris quantité d'expériences, et c'est la raison pour laquelle ces espèces ont reçu de la nature l'instinct de les déposer sur le gravier des ruisseaux, dans des endroits où le courant de l'eau les nettoie continuellement de toute ordure.

31. — Les truites qui sont dans les étangs y jettent bien leurs œufs et semences dans la saison. Ces œufs tombent sur la terre ou la vase; ou s'il se rencontre un fond de gravier, pierres ou sable, c'est là que la truite fraye, et par son mouvement elle travaille tant qu'elle peut à nettoyer ses œufs. Mais c'est au plus si elle peut les entretenir propres pendant huit jours. C'est un fait certain que tout ce qui repose dans l'eau la plus pure, contracte de jour en jour quelque crasse. Il est impossible que les œufs de truites y demeurent environ dix semaines sans devenir sales. Voilà pourquoi jamais le frai des truites ne réussit dans les étangs, à moins que ce ne soit dans des endroits où le fond soit de graveir et où il se rende des sources d'eau vive.

32. — Il se trouve cependant, mais très rarement, de jeune frai de truites dans quelques étangs, et l'on s'imagine qu'il y est éclos. Mais, dans ce cas, il faut remarquer qu'il y tombe quelque source voisine ou quelque ruisseau qui coule sur du gravier. La truite, au mois de décembre et de janvier, ne manque pas de monter de l'étang dans ces ruisseaux pour y jeter ses œufs et semences. Dès que les petits sont éclos, ils cherchent l'eau et leur nourriture, descendent dans l'étang et font croire à ceux qui n'y regardent pas de si près, qu'ils y ont pris naissance.

33. — Nos observations ci-dessus font voir que les truites ne peuvent se multiplier dans les étangs; on sait d'ailleurs qu'il serait impossible de tirer tous les ans des ruisseaux, sans un dommage considérable, un rempoissonnement ou alevinage en ce genre, outre qu'il ne se trouve pas partout des ruisseaux qui produisent des truites, quoiqu'on eût dans son voisinage des étangs très propres à les nourrir. On ne pourra donc disconvenir que cette invention de faire naître des truites au moyen des œufs et des laitances, ne puisse procurer un grand profit dans beaucoup d'endroits, outre le plaisir et l'amusement que l'on y pourra trouver.

34. — Les saumons, dans la saison de leur frai, passent comme les truites, des rivières dans les ruisseaux caillouteux, et après y avoir frayé, reviennent dans les rivières, où les petits saumons viennent les trouver dès qu'ils le peuvent. Tel est l'instinct que la nature leur a donné ; d'où l'on peut conclure avec vraisemblance, que les jeunes saumons ne se tiennent pas du tout dans les ruisseaux et qu'il est difficile de les contenir dans des viviers, quand il y entre et qu'il en sort des sources abondantes.

35. — Les poissons voraces de nos contrées, comme brochets, truites, etc., lorsqu'on les garde à part dans des viviers, se nourrissent principalement de rats d'eau, de grenouilles, lézards, salamandres d'eau, orvets et autres insectes de cette espèce (*sic*) ; et comme les saumons se nourrissent de même, on ne perdra pas ses peines si l'on jette beaucoup de ces insectes dans les étangs où l'on veut les faire profiter.

36. — Les eaux d'étangs propres à nourrir les carpes

sont ordinairement du même degré de chaleur que celles dans lesquelles les saumons aiment naturellement à demeurer; c'est ce qui fait que les eaux tempérées leur conviennent mieux que les étangs plus froids, dans lesquels les truites se plaisent davantage.

37. — Les saumons ne fraient pas dans les étangs (n° 30) et il est très difficile d'en pêcher dans les rivières pour le rempoissonnement. Il suit de là, que notre invention ci-dessus des œufs et laitances des truites et saumons, peut être très utile, pourvu que les étangs où l'on voudra les garder leur fournissent la nourriture.

38. — J'ai actuellement 430 petits saumons de la première expérience que j'ai faite pour en élever; lorsqu'ils ont eu six semaines, je les ai dispersés dans plusieurs petits viviers; j'espère qu'au bout de l'année je pourrai juger avec certitude s'il se trouve quelque profit à nourrir et à garder ainsi les saumons dans les étangs.

39. — Les brochets et les perches fraient dans la plupart des étangs, au lieu que les carpes et les carassins ne fraient que dans ceux dont les eaux sont tempérées, aux endroits qui se trouvent unis sans beaucoup d'herbes, et qui ne sont pas environnés de beaucoup de vases molles. Si la nature n'a pas ainsi disposé le terrain d'un étang, il est très facile d'y remédier à peu de frais; et après avoir éprouvé et observé comment il convient de préparer et d'entretenir les étangs, on pourrait tirer grand profit de cette éducation artificielle des poissons, à l'exemple de tout ce qui vient d'être dit sur les truites et saumons de notre pays.

40. — Les poissons mâles ont près de l'arête deux lobes de ce qu'on appelle la laitance ; c'est une matière blanchâtre et quelquefois un peu grise, dont les parties sont assez solides. Cette matière s'accroît ordinairement depuis le printemps jusqu'au mois de novembre dans les saumons et jusqu'en décembre dans les truites ; et c'est la matière prolifique de ces poissons.

41. — Lorsque le temps du frai des saumons et des truites est arrivé, il se liquéfie journellement dans chaque mâle, environ la sixième partie de cette matière, qui du reste demeure solide. C'est au moment de cette liquidité qu'elle a acquis toute sa maturité ; et alors elle ressemble à un véritable lait blanc et fluide qui contient les animalcules séminaux parvenus à leur perfection.

42. — Les femelles de ces poissons ont pareillement leurs œufs assemblés en deux lobes contigus à l'épine du dos et y croissent dans le même temps. Lorsque ces œufs à l'approche du frai ont acquis leur juste volume et leur maturité, la membrane qui les unit ensemble s'en sépare, en sorte qu'au moyen de quelque mouvement, soit d'extension ou de compression, les œufs sont expulsés l'un après l'autre du corps de la femelle (n° 22).

43. — Au moment du frai des saumons, comme en novembre, le mâle et la femelle, dont la laitance et les œufs sont à maturité, sortent des grandes rivières, vont gagner quelque ruisseau dont l'eau murmure sur un fond de cailloux, sable ou pierres (n° 4 et 5), parce qu'il faut un tel fond pour que les œufs s'étendent (n° 30).

44. Alors le mâle se tient auprès de la femelle, tous les deux s'agitent et se frottent le ventre sur le sable ou sur le fond, afin de faire sortir par ce petit choc ce qu'ils ont d'œufs et de laitance en état de maturité (nos 7 et 3).

45. — En même temps que les œufs tombent du corps de la femelle, leur poids les porte vers le fond ; et comme il est pierreux, l'un passe derrière un caillou, l'autre derrière un autre. On peut remarquer dans les eaux courantes que chaque petite pierre occasionne un petit tourbillon d'eau, au milieu duquel se trouve un point de repos, dans lequel est chassé tout corps léger qui se rencontre, et par conséquent l'œuf de notre poisson. C'est ainsi que se dispersent et s'étendent les œufs de truites et de saumons sur les fonds graveleux des ruisseaux.

46. — La laitance du mâle se répand en même temps par petits tourbillons sur le sable et les graviers, composée, comme on le sait, d'une infinité d'animalcules séminaux, dont l'un étant porté d'un côté de l'œuf, l'autre d'un autre, il s'en trouve un qui rencontre certaine cicatricule de l'œuf, s'y insinue et le féconde. Après cette opération, le cours et le choc continuel de l'eau conserve les œufs dans la propreté qui leur est indispensable (n° 9, 10, 30, 31) ; et après environ dix semaines, arrive au jour le petit poisson, plus tôt ou plus tard, selon que la source est d'une température plus ou moins froide ou chaude.

47. — Si l'on compare cette histoire de la propagation naturelle des truites et des saumons, avec les procédés que nous avons déduits pour les faire naître chez

soi, nous nous flattons que l'on reconnaîtra dans notre méthode toutes les attentions indiquées comme principales et essentielles par la nature, en sorte qu'on pourra en hasarder l'expérience avec confiance de réussir.

Nota[1]. — Ce mémoire fut remis à M. Fourcroy en allemand, à Dusseldorff, en 1758, par M. le comte de Golstein. M. Fourcroy dit qu'il se rappelle qu'il lui avait dit avoir toute confiance aux faits de ce mémoire, comme le tenant de très bonne main.

Ni M. Fourcroy, ni M. le comte de Golstein, ni à plus forte raison moi, ne sommes en état de certifier la vérité de tous les faits qui sont rappelés dans ce mémoire ; mais la façon dont il est écrit engage à y avoir une certaine confiance et, peut-être, pourra-t-il déterminer quelque naturaliste à faire des tentatives analogues pour multiplier d'autres poissons.

1. De Duhamel.

TABLE DES MATIÈRES

PREMIÈRE PARTIE

LES POISSONS

I. — Famille des Salmonides.

II. — Famille des Clupéides.

III. — Famille des Ésocides.

IV. — Famille des Percides.

V. — Famille des Gadides.

VI. — Famille des Siluroïdes.

VII. — Famille des Murénides.

VIII. — Famille des Cottides.

IX. — Famille des Gastéroïdes.

X. — Famille des Cyprinides.

XI. — Famille des Sturoniens.

XII. — Famille des Pétromizonides.

XIII. — Crustacés.

DEUXIÈME PARTIE

LA PISCICULTURE

APPENDICE

PARIS

TYPOGRAPHIE GEORGES CHAMEROT

19, RUE DES SAINTS-PÈRES, 19.

CATALOGUE

DES

LIVRES DE FONDS

OUVRAGES HISTORIQUES

ET PHILOSOPHIQUES

TABLE DES MATIÈRES

PARIS

LIBRAIRIE GERMER BAILLIÈRE ET Cie

108, BOULEVARD SAINT-GERMAIN, 108

Au coin de la rue Hautefeuille

NOVEMBRE 1880

COLLECTION HISTORIQUE DES GRANDS PHILOSOPHES

PHILOSOPHIE ANCIENNE

ARISTOTE (Œuvres d'), traduction de M. BARTHÉLEMY SAINT-HILAIRE.

— **Psychologie** (Opuscules), trad. en français et accompagnée de notes. 1 vol. in-8.............. 10 fr.

— **Rhétorique**, traduite en français et accompagnée de notes. 1870, 2 vol. in-8.............. 16 fr.

— **Politique**, 1868, 1 v. in-8. 10 fr.

— **Traité du ciel**, 1866 ; traduit en français pour la première fois. 1 fort vol. grand in-8........... 10 fr.

— **Météorologie**, avec le petit traité apocryphe : *Du Monde*, 1863. 1 fort vol. grand in-8........... 10 fr.

— **La métaphysique d'Aristote.** 3 vol. in-8, 1879......... 30 fr.

— **Poétique**, 1858. 1 vol. in-8. 5 fr.

— **Traité de la production et de la destruction des choses**, trad. en français et accomp. de notes perpétuelles. 1866. 1 v. gr. in-8. 10 fr.

— **De la logique d'Aristote**, par M. BARTHÉLEMY SAINT-HILAIRE. 2 volumes in-8.............. 10 fr.

— **Psychologie**, Traité de l'âme, 1 vol. in-8........... (*Épuisé.*)

— **Physique**, ou leçons sur les principes généraux de la nature. 2 forts vol. in-8.............. (*Épuisé.*)

— **Morale**, 1856. 3 vol. grand in-8. (*Épuisé.*)

— **La logique**, 4 vol. in-8. (*Épuisé.*)

SOCRATE. **La philosophie de Socrate**, par M. Alf. FOUILLÉE. 2 vol. in-8.................... 16 fr.

PLATON. **La philosophie de Platon**, par M. Alfred FOUILLÉE. 2 volumes in-8.................... 16 fr.

— **Études sur la Dialectique dans Platon et dans Hegel**, par M. Paul JANET. 1 vol. in-8... 6 fr.

PLATON et ARISTOTE. **Essai sur le commencement de la science politique**, par VAN DER REST. 1 vol. in-8.............. 10 fr.

ÉPICURE. **La Morale d'Épicure** et ses rapports avec les doctrines contemporaines, par M. GUYAU. 1 vol. in-8........... 6 fr. 50

ÉCOLE D'ALEXANDRIE. **Histoire critique de l'École d'Alexandrie**, par M. VACHEROT. 3 vol. in-8. 24 fr.

— **L'École d'Alexandrie**, par M. BARTHÉLEMY SAINT-HILAIRE. 1 v. in-8. 6 fr.

MARC-AURÈLE. **Pensées de Marc-Aurèle**, traduites et annotées par M. BARTHÉLEMY SAINT-HILAIRE. 1 vol. in-18................ 4 fr. 50

RITTER. **Histoire de la philosophie ancienne**, trad. par TISSOT. 4 vol. in-8................... 30 fr.

FABRE (Joseph). **Histoire de la philosophie, antiquité et moyen âge.** 1 vol. in-18........ 3 50

PHILOSOPHIE MODERNE

LEIBNIZ. **Œuvres philosophiques**, avec introduction et notes par M. Paul JANET. 2 vol. in-8. 16 fr.

— **La métaphysique de Leibniz et la critique de Kant**, par D. NOLEN. 1 vol. in-8..... 6 fr.

— **Leibniz et Pierre le Grand**, par FOUCHER DE CAREIL. In-8. 2 fr.

— **Lettres et opuscules de Leibniz**, par FOUCHER DE CAREIL. 1 vol. in-8................ 3 fr. 50

— **Leibniz, Descartes et Spinoza**, par FOUCHER DE CARÉIL. 1 v. in-8. 4 fr.

— **Leibniz et les deux Sophie**, par FOUCHER DE CAREIL. 1 v. in-8. 2 fr.

DESCARTES. **Descartes, la princesse Élisabeth et la reine Christine**, par FOUCHER DE CAREIL. 1 vol. in-8........... 3 fr. 50

SPINOZA. **Dieu, l'homme et la béatitude**, trad. et précédé d'une introduction par M. P. JANET. 1 vol. in-18............... 2 fr. 50

LOCKE. **Sa vie et ses œuvres**, par M. MARION. 1 vol. in-18. 2 fr. 50

MALEBRANCHE. **La philosophie de Malebranche**, par M. OLLÉ-LAPRUNE. 2 vol. in-8...... 16 fr.

VOLTAIRE. **Les sciences au XVIIIe siècle.** Voltaire physicien, par M. Em. SAIGEY. 1 vol. in-8.. 5 fr.

BOSSUET. **Essai sur la philosophie de Bossuet**, par Nourrisson, 1 vol. in-8............. 4 fr.

RITTER. **Histoire de la philosophie moderne**, traduite par P. Challemel-Lacour. 3 vol. in-8. 20 fr.

FRANCK (Ad.). **La philosophie mystique en France** au XVIIIe siècle. 1 vol. in-18.... 2 fr. 50

DAMIRON. **Mémoires pour servir à l'histoire de la philosophie au XVIIIe siècle.** 3 vol. in-8. 15 fr.

MAINE DE BIRAN. **Essai sur sa philosophie**, suivi de fragments inédits, par JULES GÉRARD. 1 fort vol. in-8. 1876............. 10 fr.

BERKELEY. **Sa vie et ses œuvres,** par PENJON. 1 v. in-8 (1878). 7 fr. 50

PHILOSOPHIE ÉCOSSAISE

DUGALD STEWART. **Éléments de la philosophie de l'esprit humain,** traduits de l'anglais par L. PEISSE. 3 vol. in-12........... 9 fr.

W. HAMILTON. **Fragments de philosophie,** traduits de l'anglais par L. PEISSE. 1 vol. in-8.. 7 fr. 50

— **La philosophie de Hamilton,** par J. STUART MILL. 1 v. in-8. 10 fr.

PHILOSOPHIE ALLEMANDE

KANT. **Critique de la raison pure**, trad. par M. TISSOT. 2 v. in-8. 16 fr.

— Même ouvrage, traduction par M. Jules BARNI. 2 vol. in-8. . 16 fr.

— **Éclaircissements sur la critique de la raison pure,** trad. par J. TISSOT. 1 volume in-8... 6 fr.

— **Examen de la critique de la raison pratique,** traduit par M. J. BARNI. 1 vol. in-8.... . (*Epuisé.*)

— **Principes métaphysiques du droit,** suivis du *projet de paix perpétuelle*, traduction par M. TISSOT. 1 vol. in-8.......... 8 fr.

— Même ouvrage, traduction par M. Jules BARNI. 1 vol. in-8... 8 fr.

— **Principes métaphysiques de la morale,** augmentés des *fondements de la métaphysique des mœurs*, traduct. par M. TISSOT. 1 v. in-8. 8 fr.

— Même ouvrage, traduction par M. Jules BARNI. 1 vol. in-8... 8 fr.

— **La logique,** traduction par M. TISSOT. 1 vol. in-8..... 4 fr.

— **Mélanges de logique,** traduction par M. TISSOT. 1 vol. in-8.. 6 fr.

— **Prolégomènes à toute métaphysique future** qui se présentera comme science, traduction de M. TISSOT. 1 vol. in-8... 6 fr.

— **Anthropologie,** suivie de divers fragments relatifs aux rapports du physique et du moral de l'homme, et du commerce des esprits d'un monde à l'autre, traduction par M. TISSOT. 1 vol. in-8..... 6 fr.

KANT. **La critique de Kant et la métaphysique de Leibniz.** Histoire et théorie de leurs rapports, par D. NOLEN. 1 vol. in-8. 1875. 6 fr.

FICHTE. **Méthode pour arriver à la vie bienheureuse,** traduit par Francisque BOUILLIER. 1 vol. in-8.................. 8 fr.

— **Destination du savant et de l'homme de lettres,** traduit par M. NICOLAS. 1 vol. in-8.... 3 fr.

— **Doctrines de la science.** Principes fondamentaux de la science de la connaissance, traduit par GRIMBLOT. 1 vol. in-8..... 9 fr.

SCHELLING. **Bruno** ou du principe divin, trad. par Cl. HUSSON. 1 vol. in-8................. 3 fr. 50

— **Écrits philosophiques** et morceaux propres à donner une idée de son système, trad. par Ch. BÉNARD. 1 vol. in-8......... 9 fr.

HEGEL. **Logique,** traduction par A. VÉRA. 2e édition. 2 volumes in-8.................. 14 fr.

HEGEL. **Philosophie de la nature,** traduction par A. VÉRA. 3 volumes in-8.................. 25 fr.

Prix du tome II..... 8 fr. 50

Prix du tome III..... 8 fr. 50

— **Philosophie de l'esprit,** traduction par A. VÉRA. 2 volumes in-8................. 18 fr.

— **Philosophie de la religion,** traduction par A. VÉRA. 2 vol. 20 fr.

— **Introduction à la philosophie de Hegel,** par A. VÉRA. 1 volume in-8................. 6 fr. 50

HEGEL. **Essais de philosophie hegelienne,** par A. VÉRA. 1 vol. 2 fr. 50

— **L'Hegelianisme et la philosophie,** par M. VÉRA. 1 volume in-18............... 3 fr. 50

— **Antécédents de l'Hegelia-**

nisme dans la philosophie française, par BEAUSSIRE. 1 vol. in-18 .... 2 fr. 50

— **La dialectique dans Hegel et dans Platon**, par Paul JANET. 1 vol. in-8 .... 6 fr.

— **La Poétique**, traduction par Ch. BÉNARD, précédée d'une préface et suivie d'un examen critique. Extraits de Schiller, Gœthe, Jean Paul, etc., et sur divers sujets relatifs à la poésie. 2 vol. in-8... 12 fr.

— **Esthétique.** 2 vol. in-8, traduit par M. BÉNARD........... 16 fr.

RICHTER (Jean-Paul). **Poétique** ou **Introduction à l'esthétique**, traduit de l'allemand par Alex. BUCHNER et Léon DUMONT. 2 vol. in-8. 15 fr.

HUMBOLDT (G. de). **Essai sur les limites de l'action de l'État**, traduit de l'allemand, et précédé d'une Étude sur la vie et les travaux de l'auteur, par M. CHRÉTIEN. 1 vol. in-18........... 3 fr. 50

— **La philosophie individualiste**, étude sur G. de HUMBOLDT, par CHALLEMEL-LACOUR. 1 vol. 2 fr. 50

STAHL. **Le Vitalisme et l'Animisme de Stahl**, par Albert LEMOINE. 1 vol. in-18.... 2 fr. 50

LESSING. **Le Christianisme moderne.** Étude sur Lessing, par FONTANÈS. 1 vol. in-18.. 2 fr. 50

PHILOSOPHIE ALLEMANDE CONTEMPORAINE

L. BUCHNER. **Science et nature**, traduction de l'allemand, par Aug. DELONDRE. 2 vol. in-18.... 5 fr.

— **Le Matérialisme contemporain**, par M. P. JANET. 3e édit. 1 vol. in-18......... 2 fr. 50

HARTMANN (E. de). **La Religion de l'avenir**. 1 vol. in-18.. 2 fr. 50

— **La philosophie de l'inconscient.** 2 vol. in-8. 20 fr.

— **Le Darwinisme**, ce qu'il y a de vrai et de faux dans cette doctrine, traduit par M. G. GUÉROULT. 1 vol. in-18, 2e édit.......... 2 fr. 50

HÆCKEL. **Hæckel et la théorie de l'évolution en Allemagne**, par Léon DUMONT. 1 vol. in-18. 2 fr. 50

— **Les preuves du transformisme**, trad. par M. SOURY. 1 vol. in-18................ 2 fr. 50

— **Essais de psychologie cellulaire**, traduit par M. J. SOURY. 1 vol. in-12.......... 2 fr. 50

O. SCHMIDT. **Les sciences naturelles et la philosophie de l'inconscient.** 1 v. in-18. 2 f. 50

LOTZE (H.). **Principes généraux de psychologie physiologique**, trad. par M. PENJON. 1 vol. in-18. 2 fr. 50

STRAUSS. **L'ancienne et la nouvelle foi de Strauss**, étude critique par VÉRA. 1 vol. in-8. 6 fr.

MOLESCHOTT. **La Circulation de la vie**, Lettres sur la physiologie, en réponse aux Lettres sur la chimie de Liebig, traduction de l'allemand par M. CAZELLES. 2 volumes in-18. Pap. vélin............. 10 fr.

SCHOPENHAUER. **Essai sur le libre arbitre.** 1 vol. in-18.... 2 fr. 50

— **Le fondement de la morale**, traduit par M. BURDEAU. 1 vol. in-18................ 2 fr. 50

— **Essais et fragments**, traduit et précédé d'une vie de Schop., par M. BOURDEAU. 1 vol. in-18. 2 fr. 50

— **Aphorisme sur la sagesse dans la vie**, traduit par M. CANTACUZÈNE. In-8.................. 5 fr.

— **Philosophie de Schopenhauer**, par Th. RIBOT. 1 vol. in-18. 2 fr. 50

RIBOT (Th.). **La psychologie allemande contemporaine** (HERBART, BENEKE, LOTZE, FECHNER, WUNDT, etc.). 1 vol. in-8. 7 fr. 50

PHILOSOPHIE ANGLAISE CONTEMPORAINE

STUART MILL. **La philosophie de Hamilton.** 1 fort vol. in-8. 10 fr.

— **Mes Mémoires.** Histoire de ma vie et de mes idées. 1 v. in-8. 5 fr.

— **Système de logique** déductive et inductive. 2 v. in-8. 20 fr.

STUART MILL. **Essais sur la Religion.** 1 vol. in-8........ 5 fr.

— **Le positivisme anglais**, étude sur Stuart Mill, par H. TAINE. 1 volume in-18........... 2 fr. 50

HERBERT SPENCER. **Les premiers Principes.** 1 fort vol. in-8. 10 fr.

— **Principes de psychologie.** 2 vol. in-8........... 20 fr.

— **Principes de biologie.** 2 forts volumes in-8.......... 20 fr.

— **Introduction à la Science sociale.** 1 v. in-8 cart. 5e éd. 6 fr.

— **Principes de sociologie.** 2 vol. in-8.............. 17 fr. 50

— **Classification des Sciences.** 1 vol. in-18......... 2 fr. 50

— **De l'éducation intellectuelle, morale et physique.** 1 vol. in-8 .... 5 fr.

— **Essais sur le progrès.** 1 vol. in-8................ 7 fr. 50

— **Essais de politique.** 1 vol. 7 fr. 50

— **Essais scientifiques.** 1 vol. 7 fr. 50

— **Les bases de la morale.** In-8. 6 f.

BAIN. **Des Sens et de l'Intelligence.** 1 vol. in-8. 10 fr.

— **La logique inductive et déductive.** 2 vol. in-8.. 20 fr.

— **L'esprit et le corps.** 1 vol. in-8, cartonné, 2e édition.. 6 fr.

— **La science de l'éducation.** In-8.................. 6 fr.

DARWIN. **Ch. Darwin et ses précurseurs français,** par M. de QUATREFAGES. 1 vol. in-8.. 5 fr.

— **Descendance et Darwinisme,** par Oscar SCHMIDT. In-8, cart. 6 fr.

DARWIN. **Le Darwinisme,** ce qu'il y a de vrai et de faux dans cette doctrine, par E. DE HARTMANN. 1 vol. in-18.............. 2 fr. 50

DARWIN. **Le Darwinisme,** par ÉM. FERRIÈRE. 1 vol. in-18.. 4 fr. 50

— **Les récifs de corail,** structure et distribution. 1 vol. in-8. 8 fr.

CARLYLE. **L'idéalisme anglais,** étude sur Carlyle, par H. TAINE. 1 vol. in-18........... 2 fr. 50

BAGEHOT. **Lois scientifiques du développement des nations** dans leurs rapports avec les principes de la sélection naturelle et de l'hérédité. 1 vol. in-8, 3e édit. 6 fr.

RUSKIN (JOHN). **L'esthétique anglaise,** étude sur J. Ruskin, par MILSAND. 1 vol. in-18 ... 2 fr. 50

MATTHEW ARNOLD. **La crise religieuse.** 1 vol. in-8.... 7 fr. 50

FLINT. **La philosophie de l'histoire en France et en Allemagne,** traduit de l'anglais par M. L. CARRAU. 2 vol. in-8. 15 fr.

RIBOT (Th.). **La psychologie anglaise contemporaine** (James Mill, Stuart Mill, Herbert Spencer, A. Bain, G. Lewes, S. Bailey, J.-D. Morell, J. Murphy), 1875. 1 vol. in-8, 2e édition...... 7 fr. 50

LIARD. **Les logiciens anglais contemporains** (Herschell, Whewell, Stuart Mill, G. Bentham, Hamilton, de Morgan, Beele, Stanley Jevons). 1 vol. in-18.......... 2 fr. 50

GUYAU. **La morale anglaise contemporaine.** Morale de l'utilité et de l'évolution. 1 vol. in-8. 7 fr. 50

HUXLEY. **Hume, sa vie, sa philosophie.** 1 vol. in-8...... 5 fr. d'une préface par M. G. COMPAYRÉ.

JAMES SULLY. **Le pessimisme,** traduit par M. A. BERTRAND. 1 vol. in-8. (*Sous presse.*)

PHILOSOPHIE ITALIENNE CONTEMPORAINE

SICILIANI. **Prolégomènes à la psychogénie moderne,** traduit de l'italien par M. A. HERZEN. 1 vol. in-18......... 2 fr. 50

ESPINAS. **La philosophie expérimentale en Italie,** origines, état actuel. 1 vol. in-18. 2 fr. 50

MARIANO. **La philosophie contemporaine en Italie,** essais de philos. hegelienne. In-18. 2 fr. 50

TAINE. **La philosophie de l'art en Italie.** 1 vol. in-18. 2 fr. 50

FERRI (Louis). **Essai sur l'histoire de la philosophie en Italie au XIXe siècle.** 2 vol. in-8. 12 fr.

BIBLIOTHÈQUE

DE

PHILOSOPHIE CONTEMPORAINE

Volumes in-18 à 2 fr. 50 c.

Cartonnés : 3 fr. ; reliés : 4 fr.

H. Taine.

LE POSITIVISME ANGLAIS, étude sur Stuart Mill. 2e édit.

L'IDÉALISME ANGLAIS, étude sur Carlyle.

PHILOSOPHIE DE L'ART. 3e édit.

PHILOSOPHIE DE L'ART EN ITALIE. 3e édition.

DE L'IDÉAL DANS L'ART. 2e édit.

PHILOSOPHIE DE L'ART DANS LES PAYS-BAS.

PHILOSOPHIE DE L'ART EN GRÈCE.

Paul Janet.

LE MATÉRIALISME CONTEMPORAIN, 2e édit.

LA CRISE PHILOSOPHIQUE. Taine, Renan, Vacherot, Littré.

LE CERVEAU ET LA PENSÉE.

PHILOSOPHIE DE LA RÉVOLUTION FRANÇAISE.

SAINT-SIMON ET LE SAINT-SIMONISME.

DIEU, L'HOMME ET LA BÉATITUDE. (*Œuvre inédite de Spinoza.*)

Odysse Barot.

PHILOSOPHIE DE L'HISTOIRE.

Alaux.

PHILOSOPHIE DE M. COUSIN.

Ad. Franck.

PHILOSOPHIE DU DROIT PÉNAL. 2e édit.

PHILOS. DU DROIT ECCLÉSIASTIQUE.

LA PHILOSOPHIE MYSTIQUE EN FRANCE AU XVIIIe SIÈCLE.

Charles de Rémusat.

PHILOSOPHIE RELIGIEUSE.

Charles Lévêque.

LE SPIRITUALISME DANS L'ART.

LA SCIENCE DE L'INVISIBLE.

Émile Saisset.

L'AME ET LA VIE, suivi d'une étude sur l'Esthétique française.

CRITIQUE ET HISTOIRE DE LA PHILOSOPHIE (frag. et disc.).

Auguste Laugel.

LES PROBLÈMES DE LA NATURE.

LES PROBLÈMES DE LA VIE.

LES PROBLÈMES DE L'AME.

LA VOIX, L'OREILLE ET LA MUSIQUE.

L'OPTIQUE ET LES ARTS.

Challemel-Lacour.

LA PHILOSOPHIE INDIVIDUALISTE.

L. Büchner.

SCIENCE ET NATURE. 2 vol.

Albert Lemoine.

LE VITALISME ET L'ANIMISME DE STAHL.

DE LA PHYSION. ET DE LA PAROLE.

L'HABITUDE ET L'INSTINCT.

Milsand.

L'ESTHÉTIQUE ANGLAISE, étude sur John Ruskin.

A. Véra.

ESSAIS DE PHILOSOPHIE HEGÉLIENNE.

Beaussire.

ANTÉCÉDENTS DE L'HEGÉLIANISME DANS LA PHILOS. FRANÇAISE.

Bost.

LE PROTESTANTISME LIBÉRAL.

Francisque Bouillier.

DE LA CONSCIENCE.

Ed. Auber.

PHILOSOPHIE DE LA MÉDECINE.

Leblais.

MATÉRIALISME ET SPIRITUALISME.

Ad. Garnier.

DE LA MORALE DANS L'ANTIQUITÉ.

Schœbel.

PHILOSOPHIE DE LA RAISON PURE.

Tissandier.

DES SCIENCES OCCULTES ET DU SPIRITISME.

Ath. Coquerel fils.

ORIGINES ET TRANSFORMATIONS DU CHRISTIANISME.

LA CONSCIENCE ET LA FOI.

HISTOIRE DU CREDO.

Jules Levallois.
Déisme et Christianisme.

Camille Selden.
La Musique en Allemagne. Étude sur Mendelssohn.

Fontanès.
Le Christianisme moderne. Étude sur Lessing.

Stuart Mill.
Auguste Comte et la Philosophie positive. 2e édition.

Mariano.
La Philosophie contemporaine en Italie.

Saigey.
La Physique moderne, 2e tirage.

E. Faivre.
De la Variabilité des espèces.

Ernest Bersot.
Libre philosophie.

A. Réville.
Histoire du dogme de la divinité de Jésus-Christ. 2e édition.

W. de Fonvielle.
L'Astronomie moderne.

C. Coignet.
La Morale indépendante.

E. Boutmy.
Philosophie de l'architecture en Grèce.

Et. Vacherot.
La Science et la Conscience.

Em. de Laveleye.
Des formes de gouvernement.

Herbert Spencer.
Classification des sciences.

Gauckler.
Le Beau et son histoire.

Max Müller.
La Science de la Religion.

Léon Dumont.
Haeckel et la Théorie de l'Évolution en Allemagne.

Bertauld.
L'Ordre social et l'Ordre moral.
De la Philosophie sociale.

Th. Ribot.
Philosophie de Schopenhauer.

Al. Herzen.
Physiologie de la volonté.

Bentham et Grote.
La Religion naturelle.

Hartmann.
La Religion de l'avenir. 2e édit.
Le Darwinisme. 3e édition.

H. Lotze.
Psychologie physiologique.

Schopenhauer.
Le Libre arbitre. 2e édit.
Le Fondement de la morale.
Pensées et Fragments. 3e édit.

Liard.
Les Logiciens anglais contemp.

Marion.
J. Locke. Sa vie, son œuvre.

O. Schmidt.
Les Sciences naturelles et la philosophie de l'inconscient.

Haeckel.
Les Preuves du transformisme.
Essais de psychologie cellulaire.

Pi Y. Margall.
Les Nationalités.

Barthélemy Saint-Hilaire.
De la Métaphysique.

A. Espinas.
Philosophie expér. en Italie.

P. Siciliani.
Psychogénie moderne.

Léopardi.
Opuscules et Pensées.

Les volumes suivants de la collection in-18 sont épuisés; il en reste quelques exemplaires sur papier vélin, cartonnés, tranche supérieure dorée :

LETOURNEAU. **Physiologie des passions.** 1 vol. 5 fr.
MOLESCHOTT. **La Circulation de la vie.** 2 vol. 10 fr.
BEAUQUIER. **Philosophie de la musique.** 1 vol. 5 fr.

BIBLIOTHÈQUE DE PHILOSOPHIE CONTEMPORAINE

FORMAT IN-8

Volumes à 5 fr., 7 fr. 50 et 10 fr.; cart., 1 fr. en plus par vol.; reliure, 2 fr.

JULES BARNI.

La morale dans la démocratie. 1 vol. 5 fr.

AGASSIZ.

De l'espèce et des classifications, traduit de l'anglais par M. Vogeli. 1 vol. 5 fr.

STUART MILL.

La philosophie de Hamilton, trad. par M. Cazelles. 1 fort vol. 10 fr.

Mes mémoires. Histoire de ma vie et de mes idées, traduit de l'anglais par M. E. Cazelles 1 vol. 5 fr.

Système de logique déductive et inductive. Exposé des principes de la preuve et des méthodes de recherche scientifique, traduit de l'anglais par M. Louis Peisse. 2 vol. 20 fr.

Essais sur la Religion, traduit par M. E. Cazelles. 1 vol. 5 fr.

DE QUATREFAGES.

Ch. Darwin et ses précurseurs français. 1 vol. 5 fr.

HERBERT SPENCER.

Les premiers principes. 1 fort vol., traduit par M. Cazelles. 10 fr.

Principes de psychologie, traduit de l'anglais par MM. Th. Ribot et Espinas. 2 vol. 20 fr.

Principes de biologie, traduit par M. Cazelles. 2 vol. in-8. 1877-1878. 20 fr.

Principes de sociologie :

Tome Ier, traduit par M. Cazelles. 1 vol. in-8. 1878. 10 fr.

Tome II, traduit par MM. Cazelles et Gerschel. 1 vol. in-8. 1879. 7 fr. 50

Essais sur le progrès, traduit par M. Burdeau. 1 vol. in-8. 7 fr. 50

Essais de politique. 1 vol. in-8, traduit par M. Burdeau. 7 fr. 50

Essais scientifiques. 1 vol. in-8, traduit par M. Burdeau. 7 fr. 50

De l'éducation physique, intellectuelle et morale. 1 volume in-8, 2e édition. 1879. 5 fr.

Introduction à la science sociale. 1 vol. in-8, 5e édit. 6 fr.

Les bases de la morale évolutionniste. 1 vol. in-8. 6 fr.

Classification des sciences. 1 vol. in-18. 2 fr. 50

AUGUSTE LAUGEL.

Les problèmes (Problèmes de la nature, problèmes de la vie, problèmes de l'âme). 1 fort vol. 7 fr. 50

ÉMILE SAIGEY.

Les sciences au XVIIIe siècle. La physique de Voltaire. 1 vol. 5 fr.

PAUL JANET.

Histoire de la science politique dans ses rapports avec la morale. 2e édition, 2 vol. 20 fr.

Les causes finales. 1 vol. in-8. 1876. 10 fr.

TH. RIBOT.

De l'hérédité. 1 vol. in-8. 10 fr.

La psychologie anglaise contemporaine (école expérimentale). 1 vol. in-8, 2e édition. 1875. 7 fr. 50

La psychologie allemande contemporaine (école expérimentale). 1 vol. in-8. 1879. 7 fr. 50

HENRI RITTER.

Histoire de la philosophie moderne, traduction française, précédée d'une introduction par M. P. Challemel-Lacour. 3 vol. in-8. 20 fr.

ALF. FOUILLÉE.

La liberté et le déterminisme. 1 vol. in-8. 7 fr. 50

DE LAVELEYE.

De la propriété et de ses formes primitives. 1 vol. in-8. 2e édit. 1877. 7 fr. 50

BAIN (ALEX.).

La logique inductive et déductive, traduit de l'anglais par M. Compayré. 2 vol. 20 fr.

Les sens et l'intelligence. 1 vol., traduit par M. Cazelles. 10 fr.

L'esprit et le corps. 1 vol. in-8, 4e édit. 6 fr.

La science de l'éducation. 1 vol. in-8, 2e édit. 6 fr.

Les émotions et la volonté. 1 fort vol. (*Sous presse.*)

MATTHEW ARNOLD.

La crise religieuse. 1 vol. in-8. 1876. 7 fr. 50

BARDOUX.

Les légistes et leur influence sur la société française. 1 vol. in-8. 1877. 5 fr.

HARTMANN (E. DE).

La philosophie de l'inconscient, traduit de l'allemand par M. D. Nolen, avec une préface de l'auteur écrite pour l'édition française. 2 vol. in-8. 1877. 20 fr.

La philosophie allemande du XIXe siècle, dans ses principaux représentants, traduit par M. D. Nolen. 1 vol. in-8. (*Sous presse.*)

ESPINAS (ALF.).

Des sociétés animales. 1 vol. in-8, 2e édit., précédée d'une introduction sur l'*Histoire de la sociologie*. 1878. 7 fr. 50

FLINT.

La philosophie de l'histoire en France, traduit de l'anglais par M. Ludovic Carrau. 1 vol. in-8. 1878. 7 fr. 50

La philosophie de l'histoire en Allemagne, traduit de l'anglais par M. Ludovic Carrau. 1 vol. in-8. 1878. 7 fr. 50

LIARD.

La science positive et la métaphysique. 1 v. in-8. 1879. 7 fr. 50

GUYAU.

La morale anglaise contemporaine. 1 vol. in-8. 1879. 7 fr. 50

HUXLEY

Hume, sa vie, sa philosophie, traduit de l'anglais et précédé d'une introduction par M. G. Compayré. 1 vol. in-8. 5 fr.

E. NAVILLE.

La logique de l'hypothèse. 1 vol. in-8. 5 fr.

VACHEROT (ET.).

Essais de philosophie critique. 1 vol. in-8. 7 fr. 50

La religion. 1 vol. in-8. 7 fr. 50

MARION (H.).

De la solidarité morale. 1 vol. in-8. 5 fr.

COLSENET (ED.).

La vie inconsciente de l'esprit 1 vol. in-8. 5 fr.

SCHOPENHAUER.

Aphorismes sur la sagesse dans la vie, traduit par M. Cantacuzène. 1 vol. in-8. 5 fr.

BIBLIOTHÈQUE D'HISTOIRE CONTEMPORAINE

Vol. in-18 à 3 fr. 50.

Vol. in-8 à 5 et 7 fr.; cart., 1 fr. en plus par vol.; reliure, 2 fr.

EUROPE

HISTOIRE DE L'EUROPE PENDANT LA RÉVOLUTION FRANÇAISE, par *H. de Sybel*. Traduit de l'allemand par Mlle Dosquet. 3 vol. in-8. . . 21 »
Chaque volume séparément . . . . 7 »
HISTOIRE DIPLOMATIQUE DE L'EUROPE DEPUIS 1815 JUSQU'A NOS JOURS, par *Debidour*. 1 vol. in-8. (*Sous presse.*)

FRANCE

HISTOIRE DE LA RÉVOLUTION FRANÇAISE, par *Carlyle*. Traduit de l'anglais. 3 vol. in-18; chaque volume. 3 50
NAPOLÉON Ier ET SON HISTORIEN M. THIERS, par *Barni*. 1 vol. in-18. 3 50
HISTOIRE DE LA RESTAURATION, par *de Rochau*. 1 vol. in-18, traduit de l'allemand. 3 50
HISTOIRE DE DIX ANS, par *Louis Blanc*. 5 vol. in-8. . . . . 25 »
Chaque volume séparément . . . . 5 »
— 25 planches en taille-douce. Illustrations pour l'*Histoire de dix ans*. 6 »
HISTOIRE DE HUIT ANS (1840-1848), par *Elias Regnault*. 3 vol. in-8.. 15 »
Chaque volume séparément . . . . 5 »
— 14 planches en taille-douce. Illustrations pour l'*Histoire de huit ans*. 4 fr.
HISTOIRE DU SECOND EMPIRE (1848-1870), par *Taxile Delord*. 6 volumes in-8. . . . . 42 »
Chaque volume séparément . . . . 7 »
LA GUERRE DE 1870-1871, par *Boert*, d'après le colonel fédéral suisse Rustow. 1 vol. in-18. . . . . 3 50
LA FRANCE POLITIQUE ET SOCIALE, par *Aug. Laugel*. 1 volume in-8. 5 fr.
HISTOIRE DES COLONIES FRANÇAISES, par *P. Gaffarel*. 1 vol. in-8. . . 5 fr.

ANGLETERRE

HISTOIRE GOUVERNEMENTALE DE L'ANGLETERRE, DEPUIS 1770 JUSQU'A 1830, par sir *G. Cornewal Lewis*. 1 vol. in-8, traduit de l'anglais . . . . . 7 fr.
HISTOIRE DE L'ANGLETERRE, depuis la reine Anne jusqu'à nos jours, par *H. Reynald*. 1 vol. in-18. . . . . 3 50
LES QUATRE GEORGES, par *Thackeray*, trad. de l'anglais par Lefoyer. 1 vol. in-18. . . . . 3 50
LA CONSTITUTION ANGLAISE, par *W. Bagehot*, traduit de l'anglais. 1 vol. in-18. . . . . 3 50
LOMBART-STREET, le marché financier en Angleterre, par *W. Bagehot*. 1 vol in-18. . . . . 3 50
LORD PALMERSTON ET LORD RUSSEL, par *Aug. Laugel*. 1 volume in-18 (1876) 3 50
QUESTIONS CONSTITUTIONNELLES (1873-1878). — Le Prince-Époux. — Le Droit électoral, par *E. W. Gladstone*. Traduit de l'anglais, et précédé d'une introduction, par *Albert Gigot*. 1 vol. in-8 . . . . 5 fr.
LE GOUVERNEMENT ANGLAIS, SES ORGANES, SON FONCTIONNEMENT, par *Albany de Fonblanque*, traduit de l'anglais sur la 14e édition par F. Dreyfus, avec introduction par *P. Brisson*. 1 vol. in-8. . . . . 5 fr.

ALLEMAGNE

LA PRUSSE CONTEMPORAINE ET SES INSTITUTIONS, par *K. Hillebrand*. 1 vol. in-18. . . . . 3 50
HISTOIRE DE LA PRUSSE, depuis la mort de Frédéric II jusqu'à la bataille de Sadowa, par *Eug. Véron*. 1 vol. in-18 . . . . 3 50
HISTOIRE DE L'ALLEMAGNE, depuis la bataille de Sadowa jusqu'à nos jours, par *Eug. Véron*. 1 vol. in-18. . . . . 3 50
L'ALLEMAGNE CONTEMPORAINE, par *Ed. Bourloton*. 1 vol. in-18. . . . 3 50

AUTRICHE-HONGRIE

HISTOIRE DE L'AUTRICHE, depuis la mort de Marie-Thérèse jusqu'à nos jours, par *L. Asseline*. 1 volume in-18. . . . . 3 50

HISTOIRE DES HONGROIS et de leur littérature politique, de 1790 à 1815, par *Ed. Sayous*. 1 vol. in-18. 3 50

ESPAGNE

L'ESPAGNE CONTEMPORAINE, journal d'un voyageur, par *Louis Teste*. 1 vol. in-18. . . . . 3 50

HISTOIRE DE L'ESPAGNE, depuis la mort de Charles III jusqu'à nos jours, par *H. Reynald*. 1 vol. in-18. . . . . 3 50

RUSSIE

LA RUSSIE CONTEMPORAINE, par *Herbert Barry*, traduit de l'anglais. 1 vol. in-18. . . . . 3 50

HISTOIRE CONTEMPORAINE DE LA RUSSIE, par M. *Créhange*. 1 volume in-18 . . . . (*Sous presse*.) 3 50

SUISSE

LA SUISSE CONTEMPORAINE, par *H. Dixon*. 1 vol. in-18, traduit de l'anglais. 3 50

HISTOIRE DU PEUPLE SUISSE, par *Daendliker*, traduit de l'allemand par madame *Jules Favre*, et précédé d'une Introduction de M. *Jules Favre* 1 vol. in-8 . . . . 5 fr.

AMÉRIQUE

HISTOIRE DE L'AMÉRIQUE DU SUD, depuis sa conquête jusqu'à nos jours, par *Alf. Deberle*. 1 vol. in-18 . . . . 3 50

HISTOIRE DE L'AMÉRIQUE DU NORD (États-Unis, Canada, Mexique), par *Ad. Cohn*. 1 vol. in-18. . . . . (*Sous presse*.)

LES ETATS-UNIS PENDANT LA GUERRE, 1861-1864. Souvenirs personnels, par *Aug. Laugel*. 1 vol. in-18. . . . . 3 50

Eug. Despois. LE VANDALISME RÉVOLUTIONNAIRE. Fondations littéraires, scientifiques et artistiques de la Convention. 1 vol. in-18. . . . . . 3 50

Victor Meunier. SCIENCE ET DÉMOCRATIE. 2 vol. in-18, chacun séparément 3 50

Jules Barni. HISTOIRE DES IDÉES MORALES ET POLITIQUES EN FRANCE AU XVIIIe SIÈCLE. 2 vol. in-18, chaque volume 3 50

— NAPOLÉON Ier ET SON HISTORIEN M. THIERS. 1 vol. in-18. . . . 3 50

— LES MORALISTES FRANÇAIS AU XVIIIe SIÈCLE. 1 vol. in 18. . . . 3 50

Émile Montégut. LES PAYS-BAS. Impressions de voyage et d'art. 1 vol. in-18. . . . . 3 50

Émile Beaussire. LA GUERRE ÉTRANGÈRE ET LA GUERRE CIVILE. 1 vol. in-18. . . . . 3 50

J. Clamageran. LA FRANCE RÉPUBLICAINE. 1 volume in-18. . . 3 50

E. Duvergier de Hauranne. LA RÉPUBLIQUE CONSERVATRICE. 1 vol. in-18. . . . . 3 50

ÉDITIONS ÉTRANGÈRES

Éditions anglaises.

AUGUSTE LAUGEL. The United States during the war. In-8. 7 shill. 6 p.

ALBERT RÉVILLE. History of the doctrine of the deity of Jesus-Christ. 3 sh. 6 p.

H. TAINE. Italy (Naples et Rome). 7 sh. 6 p.

H. TAINE. The Philosophy of art. 3 sh.

PAUL JANET. The Materialism of present day. 1 vol. in-18, rel. 3 shill

Éditions allemandes.

JULES BARNI. Napoléon I. In-18. 3 m.

PAUL JANET. Der Materialismus unserer Zeit. 1 vol. in-18. 3 m.

H. TAINE. Philosophie der Kunst. 1 vol. in-18. 3 m.

PUBLICATIONS HISTORIQUES PAR LIVRAISONS

HISTOIRE ILLUSTRÉE
du
SECOND EMPIRE
PAR TAXILE DELORD

Paraissant par livraisons à 10 cent. deux fois par semaine, depuis le 10 janvier 1880.

Tome I, 1 vol............ 8 fr.

HISTOIRE POPULAIRE
de
LA FRANCE
Nouvelle édition

Paraissant par livraisons à 10 cent deux fois par semaine, depuis le 16 février 1880.

Tome I, 1 vol............ 5 fr.

CONDITIONS DE SOUSCRIPTION.

L'*Histoire du second empire* et l'*Histoire de France* paraissent deux fois par semaine par livraisons de **8** pages, imprimées sur beau papier et avec de nombreuses gravures sur bois.

Prix de la livraison........................ 10 c.
Prix de la série de 5 livraisons, paraissant tous les 20 jours, avec couverture............. 50 c.

ABONNEMENTS :

Pour recevoir *franco*, par la poste, l'*Histoire du second empire* ou l'*Histoire de France* par livraisons, deux fois par semaine, ou par séries tous les 20 jours :

Un an..... **16** francs. | Six mois... **8** francs.

BIBLIOTHÈQUE SCIENTIFIQUE INTERNATIONALE

VOLUMES IN-8, CARTONNÉS A L'ANGLAISE, A 6 FRANCS

Les mêmes, en demi-reliure, veau. — 10 francs.

1. J. TYNDALL. **Les glaciers et les transformations de l'eau,** avec figures. 1 vol. in-8. 3e édition. 6 fr.
2. MAREY. **La machine animale,** locomotion terrestre et aérienne, avec de nombreuses fig. 1 vol. in-8. 2e édition. 6 fr.
3. BAGEHOT. **Lois scientifiques du développement des nations** dans leurs rapports avec les principes de la sélection naturelle et de l'hérédité. 1 vol. in-8. 3e édition. 6 fr.
4. BAIN. **L'esprit et le corps.** 1 vol. in-8. 4e édition. 6 fr.
5. PETTIGREW. **La locomotion chez les animaux,** marche, natation. 1 vol. in-8, avec figures. 6 fr.
6. HERBERT SPENCER. **La science sociale.** 1 v. in-8. 5e éd. 6 fr.
7. SCHMIDT (O.). **La descendance de l'homme et le darwinisme.** 1 vol. in-8, avec fig. 3e édition, 1878. 6 fr.
8. MAUDSLEY. **Le crime et la folie.** 1 vol. in-8. 4e édit. 6 fr.
9. VAN BENEDEN. **Les commensaux et les parasites dans le règne animal.** 1 vol. in-8, avec figures. 2e édit. 6 fr.
10. BALFOUR STEWART. **La conservation de l'énergie,** suivi d'une étude sur la nature de la force, par *M. P. de Saint-Robert*, avec figures. 1 vol. in-8. 3e édition. 6 fr.
11. DRAPER. **Les conflits de la science et de la religion.** 1 vol. in-8. 6e édition. 6 fr.

12. SCHUTZENBERGER. **Les fermentations.** 1 vol. in-8, avec fig. 3e édition. 6 fr.

13. L. DUMONT. **Théorie scientifique de la sensibilité.** 1 vol. in-8. 2e édition. 6 fr.

14. WHITNEY. **La vie du langage.** 1 vol. in-8. 3e édit. 6 fr.

15. COOKE ET BERKELEY. **Les champignons.** 1 vol. in-8, avec figures. 3e édition. 6 fr.

16. BERNSTEIN. **Les sens.** 1 vol. in-8, avec 91 fig. 3e édit. 6 fr.

17. BERTHELOT. **La synthèse chimique.** 1 vol. in-8. 4e éd. 6 fr.

18. VOGEL. **La photographie et la chimie de la lumière**, avec 95 figures. 1 vol. in-8. 2e édition. 6 fr.

19. LUYS. **Le cerveau et ses fonctions**, avec figures. 1 vol. in-8. 4e édition. 6 fr.

20. STANLEY JEVONS. **La monnaie et le mécanisme de l'échange.** 1 vol. in-8. 2e édition. 6 fr.

21. FUCHS. **Les volcans.** 1 vol. in-8, avec figures dans le texte et une carte en couleur. 2e édition. 6 fr.

22. GÉNÉRAL BRIALMONT. **Les camps retranchés et leur rôle dans la défense des États**, avec fig. dans le texte et 2 planches hors texte. 2e édit. 6 fr.

23. DE QUATREFAGES. **L'espèce humaine.** 1 vol. in-8. 6e édition, 1879. 6 fr.

24. BLASERNA ET HELMHOLTZ. **Le son et la musique**, et *les Causes physiologiques de l'harmonie musicale.* 1 vol. in-8, avec figures. 2e édit. 6 fr.

25. ROSENTHAL. **Les nerfs et les muscles.** 1 vol. in-8, avec 75 figures. 2e édition. 6 fr.

26. BRUCKE ET HELMHOLTZ. **Principes scientifiques des beaux-arts**, suivi de **l'Optique et la Peinture**, avec 39 figures dans le texte. 6 fr.

27. WURTZ. **La théorie atomique.** 1 vol. in-8. 3e édition. 6 fr.

28-29. SECCHI (le Père). **Les étoiles.** 2 vol. in-8, avec 63 fig. dans le texte et 17 pl. en noir et en coul. hors texte. 2e édit. 12 fr.

30. JOLY. **L'homme avant les métaux.** 1 vol. in-8, avec fig. 2e édit. 6 fr.

31. A. BAIN. **La science de l'éducation.** 1 vol. in-8. 2e édit. 6 fr.

32-33. THURSTON (R.). **Histoire des machines à vapeur**, précédé d'une introduction par M. HIRSCH. 2 vol. in-8, avec 140 fig. dans le texte et 16 pl. hors texte. 12 fr.

34. HARTMANN (R.). **Les peuples de l'Afrique** (avec figures). 1 vol. in-8. 6 fr.

35. HERBERT SPENCER. **Les bases de la morale évolutionniste.** 1 vol. in-8. 6 fr.

36. HUXLEY. **L'écrevisse**, introduction à l'étude de la zoologie. 1 vol. in-8, avec 89 figures. 6 fr.

37. DE ROBERTY. **De la sociologie.** 1 vol. in-8. 6 fr.

38. ROOD. **Théorie scientifique des couleurs.** 1 vol. in-8 (avec figures). 6 fr.

OUVRAGES SUR LE POINT DE PARAITRE

DE SAPORTA et MARION. **L'évolution dans le règne végétal.**

E. CARTAILHAC. **La France préhistorique d'après les sépultures.**

PERIER (Ed.). **La philosophie zoologique jusqu'à Darwin.** 1 vol. in-8 (avec figures).

RÉCENTES PUBLICATIONS

HISTORIQUES ET PHILOSOPHIQUES

Qui ne se trouvent pas dans les Bibliothèques.

ALAUX. **La religion progressive.** 1869. 1 vol. in-18. 3 fr. 50

ARRÉAT. **Une éducation intellectuelle.** 1 vol. in-18. 2 fr. 50

AUDIFFRET-PASQUIER. **Discours devant les commissions de réorganisation de l'armée et des marchés.** 2 fr. 50

BARNI. Voy. KANT, pages 3, 10, 11 et 25.

BARNI. **Les martyrs de la libre pensée.** 2e édit. 1 vol. in-18. 3 fr. 50

BARTHÉLEMY SAINT-HILAIRE. Voy. ARISTOTE, pages 2 et 7.

BAUTAIN. **La philosophie morale.** 2 vol. in-8. 12 fr.

BÉNARD (Ch.). **De la philosophie dans l'éducation classique.** 1862. 1 fort vol. in-8. 6 fr.

BERTAULD (P.-A.). **Introduction à la recherche des causes premières.—De la méthode.** Tome Ier. 1 vol. in-18. 3 fr. 50

BLANCHARD. **Les métamorphoses, les mœurs et les instincts des insectes,** par M. Émile BLANCHARD, de l'Institut, professeur au Muséum d'histoire naturelle. 1 magnifique volume in-8 jésus, avec 160 figures intercalées dans le texte et 40 grandes planches hors texte. 2e édition. 1877. Prix, broché. 25 fr. — Relié en demi-maroquin. 30 fr.

BLANQUI. **L'éternité par les astres.** 1872. In-8. 2 fr.

BORÉLY (J.). **Nouveau système électoral, représentation proportionnelle de la majorité et des minorités.** 1870. 1 vol. in-18 de XVIII-194 pages. 2 fr. 50

BOUCHARDAT. **Le travail,** son influence sur la santé (conférences faites aux ouvriers). 1863. 1 vol. in-18. 2 fr. 50

BOURDON DEL MONTE (François). **L'homme et les animaux,** essai de psychologie positive. 1 vol. in-8, avec 3 pl. hors texte. 5 fr

BOURDET (Eug.). **Principe d'éducation positive,** précédé d'une préface de M. Ch. ROBIN. 1 vol. in-18. 3 fr. 50

BOURDET (Eug.). **Vocabulaire des principaux termes de la philosophie positive.** 1 vol. in-18 (1875). 2 fr. 50

BOUTROUX. **De la contingence des lois de la nature.** In-8. 1874. 4 fr.

BROCHARD (V.). **De l'Erreur.** 1 vol. in-8. 1879. 3 fr. 50

CADET. **Hygiène, inhumation, crémation** ou incinération des corps. 1 vol. in-18, avec figures dans le texte. 2 fr.

CARETTE (le colonel). **Études sur les temps antéhistoriques.** Première étude : *Le Langage.* 1 vol. in-8. 1878. 8 fr.

CHASLES (Philarète). **Questions du temps et problèmes d'autrefois.** Pensées sur l'histoire, la vie sociale, la littérature. 1 vol. in-18, édition de luxe. 3 fr.

CLAVEL. **La morale positive.** 1873. 1 vol. in-18. 3 fr.

CLAVEL. **Les principes au XIXe siècle.** 1 v. in-18. 1877. 1 fr.

CONTA. **Théorie du fatalisme.** 1 vol. in-18. 1877. 4 fr.

COQUEREL (Charles). **Lettres d'un marin à sa famille.** 1870. 1 vol. in-18. 3 fr. 50

COQUEREL fils (Athanase). **Libres études** (religion, critique, histoire, beaux-arts). 1867. 1 vol. in-8. 5 fr.

COQUEREL fils (Athanase). **Pourquoi la France n'est-elle pas protestante ?** 2e édition. In-8. 1 fr.

COQUEREL fils (Athanase). **La charité sans peur**. In-8. 75 c.

COQUEREL fils (Athanase). **Évangile et liberté**. In-8. 50 c.

COQUEREL fils (Athanase). **De l'éducation des filles**, réponse à Mgr l'évêque d'Orléans. In-8. 1 fr.

CORBON. **Le secret du peuple de Paris**. 1 vol. in-8. 5 fr.

CORMENIN (DE)- TIMON. **Pamphlets anciens et nouveaux**. Gouvernement de Louis-Philippe, République, Second Empire. 1 beau vol. in-8 cavalier. 7 fr. 50

Conférences de la Porte-Saint-Martin pendant le siège de Paris. Discours de MM. *Desmarets* et *de Pressensé*. — M. *Coquerel* : sur les moyens de faire durer la République. — M. *Le Berquier* : sur la Commune. — M. *E. Bersier* : sur la Commune. — M. *H. Cernuschi* : sur la Légion d'honneur. In-8. 1 fr. 25

Sir G. CORNEWALL LEWIS. **Quelle est la meilleure forme de gouvernement?** traduit de l'anglais, précédé d'une Étude sur la vie et les travaux de l'auteur, par M. MERVOYER, 1 vol. in-8. 3 fr. 50

CORTAMBERT (Louis). **La religion du progrès**. In-18. 3 fr. 50

DANICOURT (Léon). **La patrie et la république**. 1 vol. in-18 (1880). 2 fr. 50

DAURIAC (Lionel). **Des notions de force et de matière dans les sciences de la nature**. 1 vol. in-8, 1878. 5 fr.

DAVY. **Les conventionnels de l'Eure** : Buzot, Duroy, Lindet, à travers l'histoire. 2 forts vol. in-8 (1876). 18 fr.

DELBŒUF. **La psychologie comme science naturelle**. 1 vol. in-8, 1876. 2 fr. 50

DELEUZE. **Instruction pratique sur le magnétisme animal**. 1853. 1 vol. in-12. 3 fr. 50

DESTREM (J.). **Les déportations du Consulat**. 1 br. in-8. 1 fr. 50

DOLLFUS (Ch.). **De la nature humaine**. 1868, 1 v. in-8. 5 fr.

DOLLFUS (Ch.). **Lettres philosophiques**. 3e édition. 1869, 1 vol. in-18. 3 fr. 50

DOLLFUS (Ch.). **Considérations sur l'histoire**. Le monde antique. 1872, 1 vol. in-8. 7 fr. 50

DOLLFUS (Ch.). **L'âme dans les phénomènes de conscience**. 1 vol. in-18 (1876). 3 fr.

DUBOST (Antonin). **Des conditions de gouvernement en France**. 1 vol. in-8 (1875). 7 fr. 50

DUFAY. **Études sur la Destinée**. 1 vol. in-18, 1876. 3 fr.

DUMONT (Léon). **Le sentiment du gracieux**. 1 vol. in-8. 3 fr.

DUMONT (Léon). **Des causes du rire**. 1 vol. in-8. 2 fr.

DU POTET. **Manuel de l'étudiant magnétiseur**. Nouvelle édition. 1868, 1 vol. in-18. 3 fr. 50

DU POTET. **Traité complet de magnétisme**, cours en douze leçons. 1879, 4e édition, 1 vol. in-8 de 634 pages. 8 fr.

DUPUY (Paul). **Études politiques**, 1874. 1 v. in-8. 3 fr. 50

DUVAL-JOUVE. **Traité de Logique**, 1855. 1 vol. in-8. 6 fr.

Éléments de science sociale. Religion physique, sexuelle et naturelle. 1 vol. in-18. 3e édit., 1877. 3 fr. 50

ÉLIPHAS LÉVI. **Dogme et rituel de la haute magie**. 1861, 2e édit., 2 vol. in-8, avec 24 fig. 18 fr.

ÉLIPHAS LÉVI. **Histoire de la magie**. In-8, avec fig. 12 fr.

ÉLIPHAS LÉVI. **La science des esprits**, révélation du dogme secret des Kabbalistes, esprit occulte de l'Évangile, appréciation des doctrines et des phénomènes spirites. 1865, 1 v. in-8. 7 fr.

ÉLIPHAS LÉVI. **Clef des grands mystères**, suivant Hénoch, Abraham, Hermès Trismégiste et Salomon. 1861, 1 vol. in-8 avec 20 planches. 12 fr.

EVANS (John). **Les âges de la pierre**, 1 beau volume grand in-8, avec 467 fig. dans le texte, trad. par M. Ed. BARBIER. 1878. 15 fr. — En demi-reliure. 18 fr.

EVELLIN. **Infini et quantité**. 1 vol. in-8. 5 fr.

FABRE (Joseph). **Histoire de la philosophie**. Première partie : Antiquité et moyen âge. 1 v. in-12, 1877. 3 fr. 50
Deuxième partie : Renaissance et temps modernes. (*Sous presse.*)

FAU. **Anatomie des formes du corps humain**, à l'usage des peintres et des sculpteurs. 1866, 1 vol. in-8 et atlas de 25 planches. 2e édition. Prix, fig. noires. 20 fr.; fig. coloriées. 35 fr.

FAUCONNIER. **La question sociale**. In-18, 1878. 3 fr. 50

FAUCONNIER. **Protection et libre échange**, brochure in-8. 3e édition (1879). 2 fr.

FERBUS (N.). **La science positive du bonheur**. 1 v. in-18. 3 fr.

FERRI (Louis). **Essai sur l'histoire de la philosophie en Italie au XIXe siècle**. 2 vol. in-8. 12 fr.

FERRIÈRE (EM.). **Le darwinisme**. 1872, 1 v. in-18. 4 fr. 50

FERRIÈRE (EM.). **Les apôtres**, essai d'histoire religieuse, d'après la méthode des sciences naturelles. 1 vol. in-12. 4 fr. 50

FERRON (de). **Théorie du progrès**, 2 vol. in-18. 7 fr.

FONCIN. **Essai sur le ministère de Turgot**. 1 vol. grand in-8 (1876). 8 fr.

FOUCHER DE CAREIL. Voyez LEIBNIZ, page 2.

FOUILLÉE. Voyez pages 2 et 10.

FOX (W.-J.). **Des idées religieuses**. In-8, 1876. 3 fr.

FRÉDÉRIQ. **Hygiène populaire**. 1 vol. in-12, 1875. 4 fr.

GASTINEAU. **Voltaire en exil**. 1 vol. in-18. 3 fr.

GÉRARD (Jules). **Maine de Biran, essai sur sa philosophie**. 1 fort vol. in-8, 1876. 10 fr.

GOUET (AMÉDÉE). **Histoire nationale de France**, d'après des documents nouveaux.
Tome I. Gaulois et Francks. — Tome II. Temps féodaux. — Tome III. Tiers état. — Tome IV. Guerre des princes. — Tome V. Renaissance. — Tome VI. Réforme. — Tome VII. Guerres de religion. (*Sous presse.*) Prix de chaque vol. in-8. 5 fr.

GUICHARD (Victor). **La liberté de penser**, fin du pouvoir spirituel. 1 vol. in-18, 2e édition, 1878. 3 fr. 50

GUILLAUME (de Moissey). **Nouveau traité des sensations**. 2 vol. in-8 (1876). 15 fr.

HERZEN. **Œuvres complètes**. Tome Ier. *Récits et nouvelles*. 1874, 1 vol. in-18. 3 fr. 50

HERZEN. **De l'autre rive**. 1 vol. in-18. 3 fr. 50

HERZEN. **Lettres de France et d'Italie**. 1871, in-18. 3 fr. 50

ISSAURAT. **Moments perdus de Pierre-Jean**, observations, pensées. 1868, 1 vol. in-18. 3 fr.

ISSAURAT. **Les alarmes d'un père de famille**, suscitées, expliquées, justifiées et confirmées par lesdits faits et gestes de Mgr Dupanloup et autres. 1868, in-8. 1 fr.

JEANT (Paul). Voyez pages 2, 4, 6, 8.

JOZON (Paul). **Des principes de l'écriture phonétique** et des moyens d'arriver à une orthographe rationnelle et à une écriture universelle. 1 vol. in-18. 1877. 3 fr. 50

JOYAU. **De l'invention dans les arts et dans les sciences.** 1 vol. in-8. 5 fr.

LABORDE. **Les hommes et les actes de l'insurrection de Paris** devant la psychologie morbide. 1 vol. in-18. 2 fr. 50

LACHELIER. **Le fondement de l'induction.** 1 vol. in-8. 3 fr. 50

LACOMBE. **Mes droits.** 1869, 1 vol. in-12. 2 fr. 50

LANGLOIS. **L'homme et la Révolution.** Huit études dédiées à P.-J. Proudhon. 1867, 2 vol. in-18. 7 fr.

LAUSSEDAT. **La Suisse.** Études médicales et sociales. 2e édit., 1875. 1 vol. in-18. 3 fr. 50

LAVELEYE (Em. de). **De l'avenir des peuples catholiques.** 1 brochure in-8. 21e édit. 1876. 25 c.

LAVELEYE (Em. de). **Lettres sur l'Italie** (1878-1879). 1 vol. in-18. 3 fr. 50

LAVELEYE (Em. de). **L'Afrique centrale.** 1 vol. in-12. 3 fr

LAVERGNE (Bernard). **L'ultramontanisme et l'État.** 1 vol. in-8 (1875). 1 fr. 50

LE BERQUIER. **Le barreau moderne.** 1871, in-18. 3 fr. 50

LEDRU (Alphonse). **Organisation, attributions et responsabilité des conseils de surveillance des sociétés en commandite par actions.** Grand in-8 (1876). 3 fr. 50

LEDRU (Alphonse). **Des publicains et des Sociétés vectigaliennes.** 1 vol. grand in-8 (1876). 3 fr.

LEDRU-ROLLIN. **Discours politiques et écrits divers.** 2 vol. in-8 cavalier (1879). 12 fr.

LEMER (Julien). **Dossier des jésuites et des libertés de l'Église gallicane.** 1 vol. in-18 (1877). 3 fr. 50

LITTRÉ. **Conservation, révolution et positivisme.** 1 vol. in-12. 2e édition (1879). 5 fr.

LUBROCK (sir John). **L'homme préhistorique,** étudié d'après les monuments et les costumes retrouvés dans les différents pays de l'Europe, suivi d'une Description comparée des mœurs des sauvages modernes, traduit de l'anglais par M. Ed. Barbier. 526 figures intercalées dans le texte. 1876. 2e édition, considérablement augmentée, suivie d'une conférenée de M. P. Brroca sur *les Troglodytes de la Vezère*. 1 beau vol. in-, br. 15 fr.

Cart. riche, doré sur tranche. 15 fr.

LUBBOCK (sir John). **Les origines de la civilisation.** État primitif de l'homme et mœurs des sauvages modernes. 1877, 1 vol. grand in-8 avec figures et planches hors texte. Traduit de l'anglais par M. Ed. Barbier. 2e édition. 1877. 15 fr.

Relié en demi-maroquin avec nerfs. 18 fr

MAGY. **De la science et de la nature.** In-8. 6 fr.

MENIÈRE. **Cicéron médecin.** 1 vol. in-18. 4 fr. 50

MENIÈRE. **Les consultations de madame de Sévigné,** étude médico-littéraire. 1864, 1 vol. in-8. 3 fr.

MESMER. **Mémoires et aphorismes,** suivi des procédés de d'Eslon. Nouvelle édition, avec des notes, par J.-J.-A. Ricard. 1846, in-18. 2 fr. 50

MICHAUT (N.). **De l'imagination.** 1 vol. in-8. 5 fr.

MILSAND. **Les études classiques** et l'enseignement public. 1873, 1 vol. in-18. 3 fr. 50

MILSAND. **Le code et la liberté**. 1865, in-8. 2 fr.

MIRON. **De la séparation du temporel et du spirituel**. 1866, in-8. 3 fr. 50

MORIN. **Du magnétisme et des sciences occultes**. 1860, 1 vol. in-8. 6 fr.

MORIN (Frédéric). **Politique et philosophie**, précédé d'une introduction de M. JULES SIMON. 1 vol. in-18, 1876. 3 fr. 50

MUNARET. **Le médecin des villes et des campagnes**. 4e édition, 1862, 1 vol. grand in-18. 4 fr. 50

NOLEN (D.). **La critique de Kant et la métaphysique de Leibniz**. 1 vol. in-8 (1875). 6 fr.

NOURRISSON. **Essai sur la philosophie de Bossuet**. 1 vol. in-8. 4 fr.

OGER. **Les Bonaparte** et les frontières de la France. In-18. 50 c.

OGER. **La République**. 1871, brochure in-8. 50 c.

OLLÉ-LAPRUNE. **La philosophie de Malebranche**. 2 vol. in-8. 16 fr.

PARIS (comte de). **Les associations ouvrières en Angleterre** (trades-unions). 1869, 1 vol. gr. in-8. 2 fr. 50
Édition sur pap. de Chine : Broché, 12 fr. ; rel. de luxe. 20 fr.

PELLETAN (Eugène). **La naissance d'une ville** (Royan). 1 vol. in-18. 2 fr.

PENJON. **Berkeley**, sa vie et ses œuvres. In-8, 1878 7 fr. 50

PEREZ (Bernard). **L'éducation dès le berceau**, essai de pédagogie expérimentale. 1 vol. in-8, 1880. 5 fr.

PETROZ (P.). **L'art et la critique en France** depuis 1822. 1 vol. in-18, 1875. 3 fr. 50

POEY (André). **Le positivisme**. 1 fort vol. in-12 (1876). 4 fr. 50

POEY. **M. Littré et Auguste Comte**. 1 vol. in-18. 3 fr. 50

POULLET. **La campagne de l'Est** (1870-1871). 1 vol. in-8 avec 2 cartes, et pièces justificatives, 1879. 7 fr.

PUISSANT (Adolphe). **Erreurs et préjugés populaires**. 1873, 1 vol. in-18. 3 fr. 50

PUISSANT (Adolphe). **Recrutement des armées de terre et de mer**, loi de 1872. 1 vol. in-4. 12 fr.

Réorganisation des armées active et territoriale, lois de 1873-1875. 1 vol. in-4. 18 fr.

RAMBERT (E.) et P. ROBERT. **Les oiseaux dans la nature**, description pittoresque des oiseaux utiles. 1 vol. in-folio avec 20 chromolithographies, 11 gravures sur bois hors texte, et de nombreuses gravures dans le texte, dans un carton.. 50 fr.
— Le même, reliure riche. 60 fr.

RÉGAMEY (Guillaume). **Anatomie des formes du cheval**, à l'usage des peintres et des sculpteurs. 6 planches en chromolithographie, publiées sous la direction de FÉLIX RÉGAMEY, avec texte par le Dr KUHFF. 8 fr.

REYMOND (William). **Histoire de l'art**. 1874, 1 vol. in-8. 5 fr.

RIBOT (Paul). **Matérialisme et spiritualisme**. 1873, in-8. 6 fr.

SALETTA. **Principes de logique positive**. In-8. 3 fr. 50

SECRÉTAN. **Philosophie de la liberté**, l'histoire, l'idée. 3e édition, 1879, 2 vol. in-8. 10 fr.

SIEGFRIED (Jules). **La misère, son histoire, ses causes, ses remèdes**. 1 vol. grand in-18. 3e édition (1879). 2 fr. 50

SIÈREBOIS. **Autopsie de l'âme**. Identité du matérialisme et du vrai spiritualisme. 2e édit. 1873, 1 vol. in-18. 2 fr. 50

SIÈREBOIS. **La morale** fouillée dans ses fondements. Essai d'anthropodicée. 1867, 1 vol. in-8. 6 fr.

SMEE (A.). **Mon jardin**, géologie, botanique, histoire naturelle, 1876, 1 magnifique vol. gr. in-8, orné de 1300 fig. et 52 pl. hors texte. Broché, 15 fr. Cartonn. riche, tranches dorées.. 20 fr.

SOREL (ALBERT). **Le traité de Paris du 20 novembre 1815.** 1873, 1 vol. in-8. 4 fr. 50

TÉNOT (Eugène). **Paris et ses fortifications**, 1870-1880. 1 vol. in-8. 5 fr.

THULIÉ. **La folie et la loi.** 1867, 2e édit., 1 vol. in-8. 3 fr. 50

THULIÉ. **La manie raisonnante du docteur Campagne**, 1870, broch. in-8 de 132 pages. 2 fr.

TIBERGHIEN. **Les commandements de l'humanité.** 1872. 1 vol. in-18. 3 fr.

TIBERGHIEN. **Enseignement et philosophie.** In-18. 4 fr.

TIBERGHIEN. **La science de l'âme.** 1 v. in-12, 3e édit. 1879. 6 fr.

TIBERGHIEN. **Éléments de morale univ.** 1 v. in-12, 1879. 2 fr.

TISSANDIER. **Études de Théodicée.** 1869, in-8 de 270 p. 4 fr.

TISSOT. **Principes de morale.** In-8. 6 fr.

TISSOT. Voy. KANT, page 3.

VACHEROT. **La science et la métaphysique.** 3 vol. in-18. 10 fr. 50

VACHEROT. Voyez pages 2 et 7.

VAN DER REST. **Platon et Aristote.** In-8, 1876. 10 fr.

VÉRA. **Strauss et l'ancienne et la nouvelle foi.** In-8. 6 fr.

VÉRA. **Cavour et l'Église libre dans l'État libre.** 1874, in-8. 3 fr. 50

VÉRA. **L'Hegelianisme et la philosophie.** In-18. 3 fr. 50

VÉRA. **Mélanges philosophiques.** 1 vol. in-8. 1862. 5 fr.

VÉRA. **Platonis, Aristotelis et Hegelii de medio termino doctrina.** 1 vol. in-8. 1845. 1 fr. 50

VÉRA. **Introduction à la philosophie de Hegel.** 1 vol. in-8, 2e édition. 6 fr. 50

VILLIAUMÉ. **La politique moderne**, 1873, in-8. 6 fr.

VOITURON (P.). **Le libéralisme et les idées religieuses.** 1 vol. in-12. 4 fr.

WEBER. **Histoire de la philos. europ.** In-8, 2e édit. 10 fr.

UNG (EUGÈNE). **Henri IV, écrivain.** 1 vol. in-8. 1855. 5 fr.

ZEVORT (Edg.). **Le Marquis d'Argenson**, et le Ministère des affaires étrangères de 1744 à 1747. 1 vol. in-8. 6 fr.

ENQUÊTE PARLEMENTAIRE SUR LES ACTES DU GOUVERNEMENT

DE LA DÉFENSE NATIONALE

DÉPOSITIONS DES TÉMOINS :

TOME PREMIER. Dépositions de MM. Thiers, maréchal Mac-Mahon, maréchal Le Bœuf, Benedetti, duc de Gramont, de Talhouët, amiral Rigault de Genouilly, baron Jérôme David, général de Palikao, Jules Brame, Dréolle, etc.

TOME II. Dépositions de MM. de Chaudordy, Laurier, Cresson, Dréo, Ranc, Rampont, Steenackers, Fernique, Robert, Schneider, Buffet, Lebreton et Hébert, Bellangé, colonel Alavoine, Gervais, Bécherelle, Robin, Muller, Boutefoy, Meyer, Clément et Simonneau, Fontaine, Jacob, Lemaire, Petetin, Guyot-Montpayroux, général Soumain, de Legge, colonel Vabre, de Crisenoy, colonel Ibos, etc.

TOME III. Dépositions militaires de MM. de Freycinet, de Serres, le général Lefort, le général Ducrot, le général Vinoy, le lieutenant de vaisseau Farcy, le commandant Amet, l'amiral Pothuau, Jean Brunet, le général de Beaufort-d'Hautpoul, le général de Valdan, le général d'Aurelle de Paladines, le général Chanzy, le général Martin des Pallières, le général de Sonis, etc.

TOME IV. Dépositions de MM. le général Bordone, Mathieu, de Laborie, Luce-Villiard, Castillon, Debusschère, Darcy, Chenet, de La Taille, Baillehache, de Grancey, L'Hermite, Pradier, Middleton, Frédéric Morin, Thoyot, le maréchal Bazaine, le général Boyer, le maréchal Canrobert, etc. Annexe à la déposition de M. Testelin, note de M. le colonel Denfert, note de la Commission, etc.

TOME V. Dépositions complémentaires et réclamations. — Rapports de la préfecture de police en 1870-1871. — Circulaires, proclamations et bulletins du Gouvernement de la Défense nationale. — Suspension du tribunal de la Rochelle; rapport de M. de La Borderie; dépositions.

ANNEXE AU TOME V. Deuxième déposition de M. Cresson. Événements de Nîmes, affaire d'Aïn Yagout. — Réclamations de MM. le général Bellot et Engelhart. — Note de la Commission d'enquête (1 fr.).

RAPPORTS :

TOME PREMIER. M. *Chaper*, les procès-verbaux des séances du Gouvernement de la Défense nationale. — M. *de Sugny*, les événements de Lyon sous le Gouv. de la Défense nat. — M. *de Rességuier*, les actes du Gouv. de la Défense nat. dans le sud-ouest de la France.

TOME II. M. *Saint-Marc Girardin*, la chute du second Empire. — M. *de Sugny*, les événements de Marseille sous le Gouv. de la Défense nat.

TOME III. M. *le comte Daru*, la politique du Gouvernement de la Défense nationale à Paris.

TOME IV. M. *Chaper*, de la Défense nat. au point de vue militaire à Paris.

TOME V. *Boreau-Lajanadie*, l'emprunt Morgan. — M. *de la Borderie*, le camp de Conlie et l'armée de Bretagne. — M. *de la Sicotière*, l'affaire de Dreux.

TOME VI. M. *de Rainneville*, les actes diplomatiques du Gouv. de la Défense nat. — M. *A. Lallié*, les postes et les télégraphes pendant la guerre. — M. *Delsol*, la ligne du Sud-Ouest. — M. *Perrot*, la défense en province (1re *partie*).

TOME VII. M. *Perrot*, les actes militaires du Gouv. de la Défense nat. en province (2e *partie* : Expédition de l'Est).

TOME VIII. M. *de la Sicotière*, sur l'Algérie.

TOME IX. Algérie, dépositions des témoins. Table générale et analytique des dépositions des témoins avec renvoi aux rapports (10 fr.).

TOME X. M. *Boreau-Lajanadie*, le Gouvernement de la Défense nationale à Tours et à Bordeaux (5 fr.).

PIÈCES JUSTIFICATIVES :

TOME PREMIER. Dépêches télégraphiques officielles, première partie.

TOME DEUXIÈME. Dépêches télégraphiques officielles, deuxième partie. — Pièces justificatives du rapport de M. Saint-Marc Girardin.

PRIX DE CHAQUE VOLUME. . . . . **15 fr.**

PRIX DE L'ENQUÊTE COMPLÈTE EN 18 VOLUMES. . . **241 fr.**

Rapports sur les actes du Gouvernement de la Défense nationale, se vendant séparément :

E. RESSÉGUIER. — Toulouse sous le Gouv. de la Défense nat. In-4. 2 fr. 50
SAINT-MARC GIRARDIN. — La chute du second Empire. In-4. 4 fr. 50
Pièces justificatives du rapport de M. Saint-Marc Girardin. 1 vol. in-4. 5 fr.
DE SUGNY. — Marseille sous le Gouv. de la Défense nat. In-4. 10 fr.
DE SUGNY. — Lyon sous le Gouv. de la Défense nat. In-4. 7 fr.
DARU. — La politique du Gouv. de la Défense nat. à Paris. In-4. 15 fr.
CHAPER. — Le Gouv. de la Défense à Paris au point de vue militaire. In-4. 15 fr.
CHAPER. — Procès-verbaux des séances du Gouv. de la Défense nat. In-4. 5 fr.
DOREAU-LAJANADIE. — L'emprunt Morgan. In-4. 4 fr. 50
DE LA BORDERIE. — Le camp de Conlie et l'armée de Bretagne. In-4. 10 fr.
DE LA SICOTIÈRE. — L'affaire de Dreux. In-4. 2 fr. 50
DE LA SICOTIÈRE. — L'Algérie sous le Gouvernement de la Défense nationale. 2 vol. in-4. 22 fr.
DE RAINNEVILLE. Actes diplomatiques du Gouv. de la Défense nat. 1 vol. in-4. 3 fr. 50
LALLIÉ. Les postes et les télégraphes pendant la guerre. 1 vol. in-4. 1 fr. 50
DELSOL. La ligue du Sud-Ouest. 1 vol. in-4. 1 fr. 50
PERROT. Le Gouvernement de la Défense nationale en province. 2 vol. in-4. 25 fr.
BOREAU-LAJANADIE. Rapport sur les actes de la Délégation du Gouvernement de la Défense nationale à Tours et à Bordeaux. 1 vol. in 4. 5 fr.
Dépêches télégraphiques officielles. 2 vol. in-4. 25 fr.
Procès-verbaux de la Commune. 1 vol. in-4. 5 fr.
Table générale et analytique des dépositions des témoins. 1 vol. in-4. 3 fr. 50

LES ACTES DU GOUVERNEMENT

DE LA

DÉFENSE NATIONALE

(DU 4 SEPTEMBRE 1870 AU 8 FÉVRIER 1871)

ENQUÊTE PARLEMENTAIRE FAITE PAR L'ASSEMBLÉE NATIONALE
RAPPORTS DE LA COMMISSION ET DES SOUS-COMMISSIONS
TÉLÉGRAMMES
PIÈCES DIVERSES — DÉPOSITIONS DES TÉMOINS — PIÈCES JUSTIFICATIVES
TABLES ANALYTIQUE, GÉNÉRALE ET NOMINATIVE

7 forts volumes in-4. — Chaque volume séparément 16 fr.

L'ouvrage complet en 7 volumes : 112 fr.

Cette édition populaire réunit, en sept volumes avec une Table analytique par volume, tous les documents distribués à l'Assemblée nationale. — Une Table générale et nominative termine le 7e volume.

ENQUÊTE PARLEMENTAIRE

SUR

L'INSURRECTION DU 18 MARS

1° RAPPORTS. — 2° DÉPOSITIONS de MM. Thiers, maréchal Mac-Mahon, général Trochu, J. Favre, Ernest Picard, J. Ferry, général Le Flô, général Vinoy, colonel Lambert, colonel Gaillard, général Appert, Floquet, général Cremer, amiral Saisset, Schœlcher, amiral Pothuau, colonel Langlois, etc. — 3° PIÈCES JUSTIFICATIVES

1 vol. grand in-4°. — Prix : 16 fr.

COLLECTION ELZÉVIRIENNE

MAZZINI. **Lettres de Joseph Mazzini** à Daniel Stern (1864 1872), avec une lettre autographiée. 3 fr. 50

MAX MULLER. **Amour allemand**, traduit de l'allemand. 1 vol. in-18. 3 fr. 50

CORLIEU (le Dr). **La mort des rois de France**, depuis François Ier jusqu'à la Révolution française, études médicales et historiques. 1 vol. in-18. 3 fr. 50

CLAMAGERAN. **L'Algérie**, impressions de voyage. 1 vol. in-18. 3 fr. 50

STUART MILL (J.). **La République de 1848**, traduit de l'anglais, avec préface par M. Sadi Carnot. 1 vol. in-18 (1875). 3 fr. 50

RIBERT (Léonce). **Esprit de la Constitution** du 25 février 1875. 1 vol. in-18. 3 fr. 50

NOEL (E.). **Mémoires d'un imbécile**, précédé d'une préface de *M. Littré*. 1 vol. in-18, 3e édition (1879). 3 fr. 50

PELLETAN (Eug.). **Jarousseau, le Pasteur du désert**. 1 vol. in-18 (1877). Couronné par l'Académie française. 6e édit. 3 fr. 50

PELLETAN (Eug.). **Élisée, voyage d'un homme à la recherche de lui-même**. 1 vol. in-18 (1877). 3 fr. 50

PELLETAN (Eug.). **Un roi philosophe, Frédéric le Grand**. 1 vol. in-18 (1878). 3 fr. 50

E. DUVERGIER DE HAURANNE (Mme). **Histoire populaire de la Révolution française**. 1 v. in-18, 2e édit., 1879. 3 fr. 50

ÉTUDES CONTEMPORAINES

BOUILLET (Ad.). **Les bourgeois gentilshommes. — L'armée d'Henri V**. 1 vol. in-18. 3 fr. 50

— **Types nouveaux et inédits**. 1 vol. in-18. 2 fr. 50

— **L'arrière-ban de l'ordre moral**. 1 vol. in-18. 3 fr. 50

VALMONT (V.). **L'espion prussien**, roman anglais, traduit par M. J. Dubrisay. 1 vol. in-18. 3 fr. 50

BOURLOTON (Edg.) et ROBERT (Edmond). **La Commune et ses idées à travers l'histoire**. 1 vol. in-18. 3 fr. 50

CHASSERIAU (Jean). **Du principe autoritaire et du principe rationnel**. 1873. 1 vol. in-18. 3 fr. 50

NAQUET (Alfred). **La République radicale**. In-18. 3 fr. 50

ROBERT (Edmond). **Les domestiques**. In-18 (1875). 3 fr. 50

LOURDAU. **Le sénat et la magistrature dans la démocratie française**. 1 vol. in-18 (1879). 3 fr. 50

FIAUX. **La femme, le mariage et le divorce**, étude de sociologie et de physiologie. 1 vol. in-18. 3 fr. 50

PARIS (le colonel). **Le feu à Paris et en Amérique**. 1 vol. in-18. 3 fr. 50

BIBLIOTHÈQUE UTILE

LISTE DES OUVRAGES PAR ORDRE D'APPARITION

Le vol. de 190 p., br., 60 cent. — Cart. à l'angl., 1 fr.

Le titre de cette collection est justifié par les services qu'elle rend chaque jour et la part pour laquelle elle contribue à l'instruction populaire.

Les noms dont ses volumes sont signés lui donnent d'ailleurs une autorité suffisante pour que personne ne dédaigne ses enseignements. Elle embrasse *l'histoire, la philosophie, le droit, les sciences, l'économie politique* et *les arts*, c'est-à-dire qu'elle traite toutes les questions qu'il est aujourd'hui indispensable de connaître. Son esprit est essentiellement démocratique; elle s'interdit les hypothèses et n'a d'autre but que celui de répandre les saines doctrines que le temps et l'expérience ont consacrées. Le langage qu'elle parle est simple et à la portée de tous, mais il est aussi à la hauteur du sujet traité.

I. — **Morand**. Introd. à l'étude des Sciences physiques. 2e édit.
II. — **Cruveilhier**. Hygiène générale. 6e édition.
III. — **Corbon**. De l'enseignement professionnel. 2e édition.
IV. — **L. Pichat**. L'Art et les Artistes en France. 3e édition.
V. — **Buchez**. Les Mérovingiens. 3e édition.
VI. — **Buchez**. Les Carlovingiens.
VII. — **F. Morin**. La France au moyen âge. 3e édition.
VIII. — **Bastide**. Luttes religieuses des premiers siècles. 4e éd.
IX. — **Bastide**. Les guerres de la Réforme. 4e édition.
X. — **E. Pelletan**. Décadence de la monarchie française. 4e éd.
XI. — **L. Brothier**. Histoire de la Terre. 4e édition.
XII. — **Sanson**. Principaux faits de la chimie. 3e édition.
XIII. — **Turck**. Médecine populaire. 4e édition.
XIV. — **Morin**. Résumé populaire du Code civil. 2e édition.
XV. — **Zaborowski**. L'homme préhistorique. 2e édit.
XVI. — **A. Ott**. L'Inde et la Chine. 2e édit.
XVII. — **Catalan**. Notions d'Astronomie. 2e édition.
XVIII. — **Cristal**. Les Délassements du travail.
XIX. — **Victor Meunier**. Philosophie zoologique.
XX. — **G. Jourdan**. La justice criminelle en France. 2e édition.
XXI. — **Ch. Rolland**. Histoire de la maison d'Autriche. 3e édit.
XXII. — **E. Despois**. Révolution d'Angleterre. 2e édition.
XXIII. — **B. Gastineau**. Génie de la Science et de l'Industrie.
XXIV. — **H. Leneveux**. Le Budget du foyer. Economie domestique.
XXV. — **L. Combes**. La Grèce ancienne.
XXVI. — **Fréd. Lock**. Histoire de la Restauration. 2e édition.
XXVII. — **L. Brothier**. Histoire populaire de la philosophie.
XXVIII. — **E. Margollé**. Les Phénomènes de la mer. 4e édition.
XXIX. — **L. Collas**. Histoire de l'Empire ottoman. 2e édition.
XXX. — **Zurcher**. Les Phénomènes de l'atmosphère. 3e édition.
XXXI. — **E. Raymond**. L'Espagne et le Portugal. 2e édition.
XXXII. — **Eugène Noël**. Voltaire et Rousseau. 2e édition.
XXXIII. — **A. Ott**. L'Asie occidentale et l'Egypte.
XXXIV. — **Ch. Richard**. Origine et fin des Mondes. 3e édition.
XXXV. — **Enfantin**. La Vie éternelle. 2e édition.

XXXVI. — **L. Brothier.** Causeries sur la mécanique. 2e édition.

XXXVII. — **Alfred Doneaud.** Histoire de la marine française.

XXXVIII. — **Fréd. Lock.** Jeanne d'Arc.

XXXIX. — **Carnot.** Révolution française. — Période de création (1789-1792).

XL. — **Carnot.** Révolution française. — Période de conservation (1792-1804).

XLI. — **Zurcher** et **Margollé.** Télescope et Microscope.

XLII. — **Blerzy.** Torrents, Fleuves et Canaux de la France.

XLIII. — **P. Secchi, Wolf, Briot** et **Delaunay.** Le Soleil, les Étoiles et les Comètes

XLIV. — **Stanley Jevons.** L'Économie politique, trad. de l'anglais par H. Gravez.

XLV. — **Em. Ferrière.** Le Darwinisme. 2e édit.

XLVI. — **H. Leneveux.** Paris municipal.

XLVII. — **Boillot.** Les Entretiens de Fontenelle sur la pluralité des mondes, mis au courant de la science.

XLVIII. — **E. Zevort.** Histoire de Louis-Philippe.

XLIX. — **Geikie.** Géographie physique, trad. de l'anglais par H. Gravez.

L. — **Zaborowski.** L'origine du langage.

LI. — **H. Blerzy.** Les colonies anglaises.

LII. — **Albert Lévy.** Histoire de l'air.

LIII — **Geikie.** La Géologie (avec figures), traduit de l'anglais par H. Gravez.

LIV. — **Zaborowski.** Les Migrations des animaux et le Pigeon voyageur.

LV. — **F. Paulhan.** La Physiologie d'esprit (avec figures).

LVI. — **Zurcher** et **Margollé.** Les Phénomènes célestes.

LVII. — **Girard de Rialle.** Les peuples de l'Afrique et de l'Amérique.

LVIII. — **Jacques Bertillon.** La Statistique humaine de la France (naissance, mariage, mort).

LIX. — **Paul Gaffarel.** La Défense nationale en 1792.

LX. — **Herbert Spencer.** De l'éducation.

LXI. — **Jules Barni.** Napoléon Ier.

LXII. — **Huxley.** Premières notions sur les sciences.

LXIII. — **P. Bondois.** L'Europe contemporaine (1789-1879).

REVUE Politique et Littéraire	REVUE Scientifique
(Revue des cours littéraires, 2e série.)	(Revue des cours scientifiques, 2e série.)
Directeur :	*Directeurs :*
M. Eug. YUNG.	**MM. A. BREGUET, et Ch. RICHET.**

La septième année de la **Revue des Cours littéraires** et de la **Revue des Cours scientifiques**, terminée à la fin de juin 1871, clôt la première série de cette publication.

La deuxième série a commencé le 1er juillet 1871, et depuis cette époque chacune des années de la collection commence à cette date.

REVUE POLITIQUE ET LITTÉRAIRE

La *Revue politique* continue à donner une place aussi large à la littérature, à l'histoire, à la philosophie, etc., mais elle a agrandi son cadre, afin de pouvoir aborder en même temps la politique et les questions sociales. En conséquence, elle a augmenté de moitié le nombre des colonnes de chaque numéro (48 colonnes au lieu de 32).

Chacun des numéros, paraissant le samedi, contient régulièrement :

Une *Semaine politique* et une *Causerie politique*, où sont appréciés, à un point de vue plus général que ne peuvent le faire les journaux quotidiens, les faits qui se produisent dans la politique intérieure de la France, discussions parlementaires, etc.

Une *Causerie littéraire* où sont annoncés, analysés et jugés les ouvrages récemment parus : livres, brochures, pièces de théâtre importantes, etc.

Tous les mois la *Revue politique* publie un *Bulletin géographique* qui expose les découvertes les plus récentes et apprécie les ouvrages géographiques nouveaux de la France et de l'étranger. Nous n'avons pas besoin d'insister sur l'importance extrême qu'a prise la géographie depuis que les Allemands en ont fait un instrument de conquête et de domination.

De temps en temps une *Revue diplomatique* explique, au point de vue français, les événements importants survenus dans les autres pays.

On accusait avec raison les Français de ne pas observer avec assez d'attention ce qui se passe à l'étranger. La *Revue* remédie à ce défaut. Elle analyse et traduit les livres, articles, discours ou conférences qui ont pour auteurs les hommes les plus éminents des divers pays.

Comme au temps où ce recueil s'appelait *la Revue des cours littéraires* (1864-1870), il continue à publier les principales leçons du Collège de France, de la Sorbonne et des Facultés des départements.

Les ouvrages importants sont analysés, avec citations et extraits, dès le lendemain de leur apparition. En outre, la *Revue politique* publie des articles spéciaux sur toute question que recommandent à l'attention des lecteurs, soit un intérêt public, soit des recherches nouvelles.

Parmi les collaborateurs nous citerons :

Articles politiques. — MM. de Pressensé, Ch. Bigot, Anat. Dunoyer, Anatole Leroy-Beaulieu, Clamageran.

Diplomatie et pays étrangers. — MM. Van den Berg, C. de Varigny, Albert Sorel, Reynald, Léo Quesnel, Louis Leger, Jezierski.

Philosophie. — MM. Janet, Caro, Ch. Lévêque, Véra, Th. Ribot, E. Boutroux, Nolen, Huxley.

Morale. — MM. Ad. Franck, Laboulaye, Legouvé, Bluntschli.

Philologie et archéologie. — MM. Max Müller, Eugène Benoist, L. Havet, E. Ritter, Maspéro, George Smith.

Littérature ancienne. — MM. Egger, Havet, George Perrot, Gaston Boissier, Geffroy.

Littérature française. — MM. Ch. Nisard, Lenient, Bersier, Gidel, Jules Claretie, Paul Albert, H. Lemaître.

Littérature étrangère. — MM. Mézières, Büchner, P. Stapfer, A. Barine.

Histoire. — MM. Alf. Maury, Littré, Alf. Rambaud, G. Monod.

Géographie, *Economie politique.* — MM. Levasseur, Himly, Vidal-Lablache, Gaidoz, Debidour, Alglave.

Instruction publique. — Madame C. Coignet, MM. Buisson, Em. Beaussire.

Beaux-arts. — MM. Gebhart, Justi, Schnaase, Vischer, Ch. Bigot.

Critique littéraire. — MM. Maxime Gaucher, Paul Albert.

Notes et impressions. — MM. Louis Ulbach, Pierre et Jean.

Ainsi la *Revue politique* embrasse tous les sujets. Elle consacre à chacun une place proportionnée à son importance. Elle est, pour ainsi dire, une image vivante, animée et fidèle de tout le mouvement contemporain.

REVUE SCIENTIFIQUE

Mettre la science à la portée de tous les gens éclairés sans l'abaisser ni la fausser, et, pour cela, exposer les grandes découvertes et les grandes théories scientifiques par leurs auteurs mêmes ;

Suivre le mouvement des idées philosophiques dans le monde savant de tous les pays;

Tel est le double but que la *Revue scientifique* poursuit depuis dix ans avec un succès qui l'a placée au premier rang des publications scientifiques d'Europe et d'Amérique.

Pour réaliser ce programme, elle devait s'adresser d'abord aux Facultés françaises et aux Universités étrangères qui comptent dans leur sein presque tous les hommes de science éminents. Mais, depuis deux années déjà, elle a élargi son cadre afin d'y faire entrer de nouvelles matières.

En laissant toujours la première place à l'enseignement supérieur proprement dit, la *Revue scientifique* ne se restreint plus désormais aux leçons et aux conférences. Elle poursuit tous les développements de la science sur le terrain économique, industriel, militaire et politique.

Elle publie les principales leçons faites au Collège de France, au Muséum d'histoire naturelle de Paris, à la Sorbonne, à l'Institution royale de Londres, dans les Facultés de France, les universités d'Allemagne, d'Angleterre, d'Italie, de Suisse, d'Amérique, et les institutions libres de tous les pays.

Elle analyse les travaux des Sociétés savantes d'Europe et d'Amérique, des Académies des sciences de Paris, Vienne, Berlin, Munich, etc., des Sociétés royales de Londres et d'Edimbourg, des Sociétés d'anthropologie, de géographie, de chimie, de botanique, de géologie, d'astronomie, de médecine, etc.

Elle expose les travaux des grands congrès scientifiques, les Associations *française*, *britannique* et *américaine*, le Congrès des naturalistes allemands, la Société helvétique des sciences naturelles, les congrès internationaux d'anthropologie préhistorique, etc.

Enfin, elle publie des articles sur les grandes questions de philosophie naturelle, les rapports de la science avec la politique, l'industrie et l'économie sociale, l'organisation scientifique des divers pays, les sciences économiques et militaires, etc.

Parmi les collaborateurs nous citerons :

Astronomie, météorologie. — MM. Faye, Balfour-Stewart, Janssen, Normann Lockyer, Vogel, Laussedat, Thomson, Rayet, Briot, A. Herschel, Callandreau, Trépied, etc.

Physique. — MM. Helmholtz, Tyndall, Desains, Mascart, Carpenter, Gladstone, Fernet, Bertin, Breguet, Lippmann.

Chimie. — MM. Wurtz, Berthelot, H. Sainte-Claire Deville, Pasteur, Grimaux, Jungfleisch, Odling, Dumas, Troost, Peligot, Cahours, Friedel, Frankland.

Géologie. — MM. Hébert, Bleicher, Fouqué, Gaudry, Ramsay, Sterry-Hunt, Contejean, Zittel, Wallace, Lory, Lyell, Daubrée, Vélain.

Zoologie. — MM. Agassiz, Darwin, Haeckel, Milne Edwards, Perrier, P. Bert, Van Beneden, Lacaze-Duthiers, Giard, A. Moreau, E. Blanchard.

Anthropologie. — MM. de Quatrefages, Darwin, de Mortillet, Virchow, Lubbock, K. Vogt.

Botanique. — MM. Baillon, Cornu, Faivre, Spring, Chatin, Van Tieghem, Duchartre, Gaston Bonnier.

Physiologie, anatomie. — MM. Chauveau, Charcot, Moleschott, Onimus, Ritter, Rosenthal, Wundt, Pouchet, Ch. Robin, Vulpian, Virchow, P. Bert, du Bois-Reymond, Helmholtz, Marey, Brücke, Ch. Richet.

Médecine. — MM. Chauveau, Cornil, Le Fort, Verneuil, Liebreich, Lasègue, G. Sée, Bouley, Giraud-Teulon, Bouchardat, Lépine, L. H. Petit.

Sciences militaires. — MM. Laussedat, Le Fort, Abel, Jervois, Morin, Noble, Reed, Usquin, X***.

Philosophie scientifique. — MM. Alglave, Bagehot, Carpenter, Hartmann, Herbert Spencer, Lubbock, Tyndall, Gavarret, Ludwig, Th. Ribot.

Prix d'abonnement :

Une seule Revue séparément	Six mois.	Un an.	Les deux Revues ensemble	Six mois.	Un an.
Paris	12f	20f	Paris	20f	36
Départements.	15	25	Départements.	25	42
Étranger. . . .	18	30	Etranger. . . .	30	50

L'abonnement part du 1er juillet, du 1er octobre, du 1er janvier et du 1er avril de chaque année.

Chaque volume de la première série se vend : broché. . . . . . 15 fr.
relié. . . . . 20 fr.

Chaque année de la 2e série, formant 2 vol., se vend : broché. . 20 fr.
relié. . . . 25 fr.

Port des volumes à la charge du destinataire.

Prix de la collection de la première série :

Prix de la collection complète de la *Revue des cours littéraires* ou de la *Revue des cours scientifiques* (1864-1870), 7 vol. in-4. 105 fr.

Prix de la collection complète des deux *Revues* prises en même temps. 14 vol. in-4. . . . . 182 fr.

Prix de la collection complète des deux séries :

Revue des cours littéraires et *Revue politique et littéraire*, ou *Revue des cours scientifiques* et *Revue scientifique* (décembre 1863 — juillet 1880), 25 vol. in-4. . . . . 285 fr.

La *Revue des cours littéraires* et la *Revue politique et littéraire*, avec la *Revue des cours scientifiques* et la *Revue scientifique*, 50 volumes in-4 . . . . 506 fr.

REVUE PHILOSOPHIQUE

DE LA FRANCE ET DE L'ÉTRANGER

Paraissant tous les mois

Dirigée par TH. RIBOT

Agrégé de philosophie, Docteur ès lettres

(4e *année*, 1880.)

La REVUE PHILOSOPHIQUE paraît tous les mois, depuis le 1er janvier 1876, par livraisons de 6 à 7 feuilles grand in-8, et forme ainsi à la fin de chaque année deux forts volumes d'environ 680 pages chacun.

CHAQUE NUMÉRO DE LA *REVUE* CONTIENT :

1° Plusieurs articles de fond; 2° des analyses et comptes rendus des nouveaux ouvrages philosophiques français et étrangers; 3° un compte rendu aussi complet que possible des *publications périodiques* de l'étranger pour tout ce qui concerne la philosophie; 4° des notes, documents, observations, pouvant servir de matériaux ou donner lieu à des vues nouvelles.

Prix d'abonnement :

Un an, pour Paris, 30 fr. — Pour les départements et l'étranger, 33 fr.
La livraison.................... 3 fr.

REVUE HISTORIQUE

Paraissant tous les deux mois

Dirigée par MM. Gabriel MONOD et Gustave FAGNIEZ

(4e *année*, 1880.)

La REVUE HISTORIQUE paraît tous les deux mois, depuis le 1er janvier 1876, par livraisons grand in-8 de 15 à 16 feuilles, de manière à former à la fin de l'année trois beaux volumes de 500 pages chacun.

CHAQUE LIVRAISON CONTIENT :

I. Plusieurs *articles de fond*, comprenant chacun, s'il est possible, un travail complet. — II. Des *Mélanges et Variétés*, composés de documents inédits d'une étendue restreinte et de courtes notices sur des points d'histoire curieux ou mal connus. — III. Un *Bulletin historique* de la France et de l'étranger, fournissant des renseignements aussi complets que possible sur tout ce qui touche aux études historiques. — IV. Une *analyse des publications périodiques* de la France et de l'étranger, au point de vue des études historiques. — V. Des *Comptes rendus critiques* des livres d'histoire nouveaux.

Prix d'abonnement :

Un an, pour Paris, 30 fr. — Pour les départements et l'étranger, 33 fr.
La livraison.................... 6 fr.

TABLE ALPHABÉTIQUE DES AUTEURS

PARIS. — IMPRIMERIE E. MARTINET, RUE MIGNON, 2

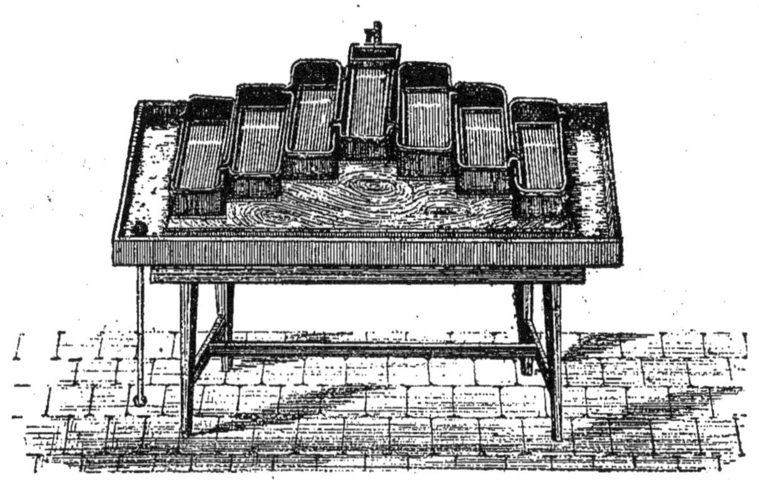

Appareil Coste, pour l'incubation artificielle.

Paris. — Typ. G. Chamerot, 19, rue des Saints-Pères. — 10182.

www.ingramcontent.com/pod-product-compliance
Ingram Content Group UK Ltd.
Pitfield, Milton Keynes, MK11 3LW, UK
UKHW020159250726
13967UKWH00003B/1162

9 782012 898448